Audio Vivid
菁彩声技术应用与制作

主 审　陈强斌
主 编　徐枝新　陈 申　陈仁伟

上海交通大學出版社
SHANGHAI JIAO TONG UNIVERSITY PRESS

内容提要

本书主要介绍三维声的理论、菁彩声(Audio Vivid)的技术特点及使用场景，以及菁彩声制作工具花瓣三维声的设计理念、安装调试、操作方式、制作流程等，旨在让读者了解菁彩声的概念、特点和应用场景，并深度探索使用花瓣三维声进行三维声内容制作的方法与流程。本书适合计算机音乐与音乐技术相关专业学生、制作人员、音频工程师、创作者以及对音频领域感兴趣的初学者阅读使用。

图书在版编目(CIP)数据

菁彩声技术应用与制作/徐枝新，陈申，陈仁伟主编. —上海：上海交通大学出版社，2025. 4. —ISBN 978-7-313-32223-4

Ⅰ. TN912. 2

中国国家版本馆 CIP 数据核字第 2025DC5883 号

菁彩声技术应用与制作

JINGCAISHENG JISHU YINGYONG YU ZHIZUO

主　　编：徐枝新　陈申　陈仁伟

出版发行：上海交通大学出版社　　地　　址：上海市番禺路 951 号

邮政编码：200030　　电　　话：021-64071208

印　　制：上海景条印刷有限公司　　经　　销：全国新华书店

开　　本：710mm×1000mm　1/16　　印　　张：11. 75

字　　数：189 千字

版　　次：2025 年 4 月第 1 版　　印　　次：2025 年 4 月第 1 次印刷

书　　号：ISBN 978-7-313-32223-4

定　　价：68. 00 元

序　言

自二十世纪二十年代以来，电视实现了“将现场或记录的视频和音频信号传输到一定距离之外重现”，由此走入人们的生活，极大地推动了社会信息的发展。百年来，电视经历了彩色替代黑白、数字替代模拟、高清替代标清的发展历程，当前正处于向全媒体超高清升级换代的快速发展阶段。2012 年，央视开播高清电视频道，其伴音就是采用环绕声播出的，但由于用户终端无法满足呈现要求，几乎没有用户能听到环绕声。因此，发展多声道音频技术，最重要的是让用户听到三维声或环绕声音频。

2022 年，中央广播电视总台牵头组建了世界超高清视频产业联盟，研发菁彩声技术。菁彩声技术采用声床、对象和 HOA 高保真技术构建三维声场，是世界首个基于 AI 的音频编解码技术，经国家广播电视总局广播电视规划院和中国电子技术标准化研究院的专业测试，其技术达到了国际领先水平。菁彩声通过 5.1＋4H 音箱渲染或双耳渲染呈现，还原真实场景的沉浸式音效，并向下兼容立体声和 5.1 环绕声。菁彩声技术实现了在音频编解码和渲染领域的技术突破，填补了我国在多声道音频领域的空白，大幅度降低了我国三维声创新应用的门槛，有力地推动了我国三维声和环绕声的发展。

2022 年 8 月，中央广播电视总台联合世界超高清视频产业联盟成员单位共同制定和发布了《菁彩声(Audio Vivid)技术白皮书(V1.0)》，并于 2022 年 9 月将其成功地运用于央视中秋晚会，20 多万人在观看 8K 视频的同时，通过“云听”客户端收听到双耳渲染的菁彩声电视伴音。在此基础上，总台基于菁彩声技术，牵头制定了《三维声编解码及渲染》(GY/T 263 - 2023)广播电视和网络视听的行业标准，并于 2023 年 2 月颁布。

2024 年 7 月，中央广播电视总台开展奥运赛事大小屏融合传播创新实践，用户可以通过“央视频”客户端将奥运超高清电视节目投屏到 4K/8K 电视机上播放，同时，用户还可以通过手机收听到双耳渲染的菁彩声电视伴音。“央视频”投屏看电视是依托“双千兆”为广大用户提供大小屏融合传播的超高清电视服务，手机具备电视机、机顶盒和遥控器三方面功能，投屏操作全过程只需 5 秒，同时还让用户便捷地收听到三维声，用户体验极佳。在巴黎奥运会期间，用户通过“央视频”电视投屏助手的投屏总次数和总时长为 1 973 万次和 3.51 亿分钟，有 100 多万人每天用投屏看电视长达 138 分钟。可以预见，“央视频”投屏看电视将成为人们收看电视的常态方式。

汽车是极佳的三维声和环绕声体验场景。2024 年 6 月，世界超高清视频产业联盟发布了世界首个车载三维声团体标准——《三维声技术规范　第 3—4 部分：技术要求和测试方法　车载音频系统》(T/UWA 009.3－4－2024)，已有车企在新车型上搭载了车载三维声系统，“云听”新媒体平台还通过改装的方式为用户提供车载菁彩声服务，引起轰动，获得了良好的社会反响及用户反馈。

提高菁彩声的内容供给离不开行业内众多创作人员的加入，也需要相关院校源源不断地向行业输送优秀人才。近年来，世界超高清视频产业联盟始终不遗余力地进行菁彩声的标准研制和产业生态建设，包括：推进内容制作工具的开发、优化及推广，组织和举办大型体育赛事示范应用、系列论坛、菁彩声内容制作大赛等活动，鼓励社会各界为菁彩声生态提供优秀内容。从 2022 年开始，联盟已在上海交通大学等高校试点开展菁彩声内容制作相关培训，并尝试将其融入本科及研究生课程。2023 年，世界超高清视频产业联盟委托上海交通大学牵头，联合上海音乐学院、中国美术学院、中国电子技术标准化研究院等院校和单位的专家编写《菁彩声技术应用与制作》。作为菁彩声的第一本教材，本书向读者阐述了空间音频及三维声技术的发展历程，全面介绍了菁彩声的概念、技术特点和应用场景，并深入讲解了其制作工具的特性、使用方法及制作流程，是读者了解并掌握菁彩声内容制作技术的第一手资料。本教材的出版将进一步加快菁彩声技术在音频内容制作领域的推广普及，并为后续的教学、培训及课程体系建设提供参考，进而促进菁彩声内容在数量和质量上的提升，实现菁彩声生态的高质量发展。

我们要抓住广播电视和网络视听供给侧结构性改革这一重大机遇和电视向全媒体超高清升级换代的契机，快速提升菁彩声和菁彩 HDR(HDR Vivid)节目的内容供给，打通链路，上车载，进家庭，抵达用户，不断地满足人民群众日益增长的视听文化需求，构建一个健康发展的超高清视听产业生态。同时，充分发挥我国双千兆的网络优势，积极推进超高清视音频、人工智能、5G等科技创新，构建开放领先的超高清制播呈现技术体系，打造媒体领域的新质生产力，推动广播电视及网络视听行业和电子信息产业高质量发展，为世界超高清产业发展树立“中国标杆”。

中央广播电视总台编务会议成员
超高清视音频制播呈现国家重点实验室主任
世界超高清视频产业联盟理事长
教授级高级工程师

2024年10月于北京

前　言

声音在空间中的应用长久以来都为音乐家和声音艺术家所关注。考古学家认为远古时期一些洞穴中特定位置的壁画显示出，当时的人类已经开始使用洞穴中的某些具有空间音效的地点来进行祭祀活动。自中世纪开始，作曲家们通过将歌者、合唱团和乐队摆放在不同位置，在建筑中呈现出多样化的空间效果。这些手段自文艺复兴开始被更广泛地使用，甚至影响了音乐类型、风格与体裁的发展。巴赫、莫扎特、柏辽兹等一众作曲家都曾将空间中的声音变化作为重要元素应用到自己的作品中。19 世纪末 20 世纪初媒体技术进入电气化时代，工程师和音乐家开始探索使用电气化设备还原物理世界中真实声音场景。电气化设备的应用也促进了电子乐器及声音合成等技术的发展，使得我们能够创造出更加丰富的音色，并对其进行更加灵活的控制，为声音的空间化创作提供了更多更具想象力的素材。与此同时，技术的发展也打破了艺术形式之间的壁垒，越来越多的融合艺术形式不断涌现，不仅为听(观)众带来新的感官体验，也为创作者的创作提供了无限的可能。

回顾音频技术的发展历史，我们看到了一条不断追求更高保真度和更强沉浸感的演变之路。从最初的单声道到立体声，再到环绕声技术，每一次技术的进步都为听众带来了更丰富的听觉体验。随着视听场景的多样化，虚拟现实(VR)和增强现实(AR)等技术的兴起以及回放方式的多元化，听众对更真实、更精确的空间音频的需求日益增长，传统的环绕声已无法满足听众需求。在这样的发展背景下，各种空间音频技术及其应用标准应运而生，弥补了传统环绕声的缺陷。

菁彩声(Audio Vivid)是我国自主研发的空间音频技术，其能够通过一系列复杂的算法和声学建模，精确再现声音在三维空间中的传播和反射，解决从声音构建到还原的整个环节可能出现的问题，在多种场景中展现出强大的应用价值。对于广电系统而言,菁彩声技术作为超高清视听体验的重要组成部分,具有高还原度、高沉浸度的特点,能够带给观众全新的空间感、方位感,更具感染力的临场感以及个性化的交互体验。从广电产业发展角度来看,近年来音频与视频产业的协同发展开始提速,电视设备从标清电视与立体声音频发展到高清电视与环绕声音频,进而到超高清电视与三维声沉浸式音频。菁彩声技术将大大提升电视音频播出的效果,增加灵活性,并且有利于大屏与小屏内容的互动。同时,户外大屏也可同步配套三维声技术,推动产业的整体发展。在音乐制作方面,它为艺术家和制作人提供了前所未有的创作自由。在电影制作中,菁彩声技术能够极大地增强观众的沉浸感。通过这项技术,电影制作者可以更精确地控制声音,使观众感觉身临其境。在游戏领域,空间音频技术也将为玩家带来更加真实、更具沉浸感的游戏体验。通过声音的变化,玩家可以更准确地感知游戏中的环境。菁彩声技术可在家庭环境、影院环境、户外大屏、个人、AR/VR 以及车载环境中得以应用,形成一个完整的视听生态。

本书介绍了菁彩声的概念、特点和应用场景,并深度探索了使用菁彩声制作工具——花瓣三维声(Petal Vivid)进行三维声内容制作的方法与流程。本书为广大读者、学者、技术人员学习、应用菁彩声提供了宝贵的借鉴,适用于音频专业制作人员、音频工程师、音频创作者,以及对音频制作感兴趣的读者,是菁彩声内容制作的参考和指南。

本书共包括四个部分:第一部分介绍了空间音频的基础理论知识,包括人对空间音频的感知方式以及音频回放技术至今走过的主要历程及其对艺术创作产生的影响。第二部分主要介绍菁彩声技术的发展过程、技术特点及应用生态。第三部分着重介绍菁彩声制作工具及其操作方式。第四部分主要介绍 Petal Vivid 组件操作流程及使用该组件进行菁彩声内容制作的流程。通过上述四个部分,读者能够全面了解空间音频的聆听方式及其发展历程以及如何使用菁彩声技术进行三维声内容制作。附录部分为《菁彩声(Audio Vivid)技术白皮书(V1.0)》。

作为介绍菁彩声技术的第一本教材,本书将着重介绍三维声的理论、菁彩声的技术特点及使用场景,以及 Petal Vivid 的设计理念、安装调试、操作方式、制作流程等,让读者全面了解菁彩声内容的制作流程和方式。本书主要面向菁彩声用户中的制作人员,因此将有利于更多从业人员了解菁彩声技术,并有利于菁彩声技术的推广和普及。本书也可作为教材供相关专业本科生及研究生使用。书中对于实践操作的介绍，让读者有机会进入真实的三维声制作流程，增强实际操作能力。

本书由世界超高清视频产业联盟委托上海交通大学编写，上海音乐学院陈强斌教授担任本书的学术顾问，理论和内容制作部分由上海交通大学徐枝新和中国美术学院陈申编写，菁彩声技术标准部分主要由中国电子技术标准化研究院陈仁伟编写。感谢世界超高清视频产业联盟对本书编写给予的大力支持。同时，因技术不断升级，制作工具持续优化，书中内容不免有疏漏，请各位专家学者和广大读者指正！

编　者

2024 年 10 月于上海

目　　录

第1章

空间音频(三维声)基础

空间音频(三维声)技术是一种革命性的音频技术,旨在为听众提供真实的沉浸式听觉体验。空间音频技术的核心在于“音频对象”概念的使用。传统的音频系统,无论是立体声还是环绕声,都使用固定的声道来传递声音,而空间音频则通过在空间中精确定位音频对象,打破了传统音频系统中“声道”的概念。这种三维空间定位技术使得声音效果更加真实和生动,例如飞机飞过头顶的声音、雨滴从高处坠落的声音或者角色的脚步声都可以被逼真地再现。在空间音频中,声音不仅可以从左右、前后方向传来,还可以从头顶和地面传来,给听众带来真正的360°全方位、沉浸式的声音体验。

本章我们将从人耳对声音定位的感知开始,概述性地介绍空间音频技术的原理、实现方式,以及音频技术如何从单声道发展到现在的三维声,在这一过程中艺术创作与技术发展又是如何相辅相成,最终实现我们今天所能获得的身临其境又富有创造力的听觉体验。

1.1 空间音频的心理声学

1.1.1 人耳的声源定位

很多关于人对声音定位感知机制的研究认为,有两种主要机制影响声音的定位感知,每种机制的重要性取决于声音信号的性质以及伴随着声音扩散的环境因素。这些机制涉及人两耳之间接收到的声音信号的时间或相位差异,以及对振幅或频谱差异的感知与判断。虽然一些研究证明了某些单耳感知因素也会影响我们对空间声音的感知,但大多数空间感知的前提是要求听者拥有两只耳朵，也就是说，双耳接收到的信号差异对空间声音定位很重要。

1. 时间因素

声源位于我们前方中心(0°方位角)之外的位置时会造成信号到达听者两耳的时间差，这与其入射角有关，如图 1.1 所示。对于位于头部正侧方的声源，这个时间差会达到最大值，听者就会将声源方向定位在较早听到声音的一侧耳朵上。两耳之间的最大时间延迟约为 0.65 ms，这种延迟被称为双耳延迟(binaural delay)。通过这种方法，人类能够以高达几度的分辨率来判断声音的方向。但我们没有明显的区分前方和后方声源的手段，也没有检测声源高度的手段。解决声源前后和高度混淆的一种方式是引入头部运动(head movements)的影响因素。例如，头部同一侧正中心的前方和后方声源，在给定头部转动方向的情况下会导致声波到达时间呈现相反变化。

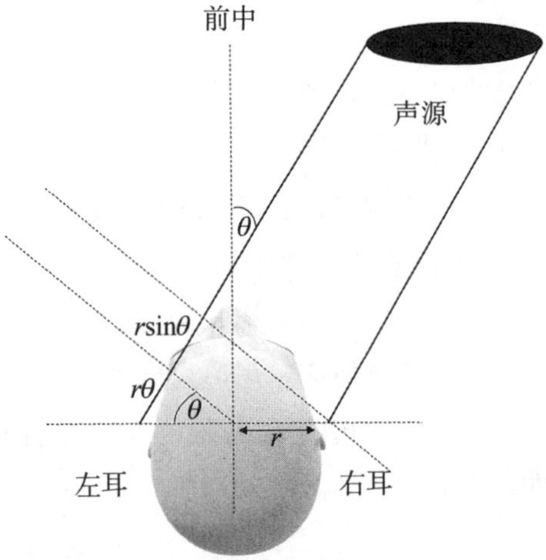

图 1.1　声源对两耳时间差影响的示例

注：听者的两耳间时间差(interaural time difference，ITD)取决于声源的入射角，入射角会影响声波传播到更远耳朵的额外距离。在这个例子中，ITD 由 $r(\theta+\sin\theta)/c$ 给出，其中 $c=340$ m/s，即声速，θ 以弧度表示

我们对时间差异影响因素的认识主要通过对声音开始和结束的时间进行记录，并且通常基于声音信号的低频内容。这种方式对于监测高频信号的整体包络的起始和结束的差异非常有用。而对于由单一声源导致的双耳延迟和由不同位置的多个相似声源产生的双耳延迟的测量方式则是不同的。后者的测

量主要受优先效应(precedence effect)的影响,通常会使大脑将声音定位到多个声源中较早发声的那一个。

由于声音是由一个或若干正弦信号(谐波)组成的,因此,时间差异也可以表示为正弦波之间的相位差。我们的耳朵只对低频的双耳相位差比较敏感,频率在大约 1 kHz 以上时,对相位的敏感性开始下降。造成这一结果的原因是在接收低频声音时,内耳中的毛细胞会在声音频率的特定相位点上被定期激发,但对于高频声音,这种模式变得更加随机,并且不与声音频率中的任何可重复点相匹配。位于横平面①上不同位置的声源所导致的相位差异,取决于它们相对于头部中心正前方的偏移角度。由于两耳之间的距离是恒定的,相位差异主要取决于声源的频率和位置(某些声源在低频和高频时两耳时间延迟也会有细微差异)。然而这种使用相位差异来进行声音定位的机制只对在无混响环境中的连续正弦波有意义,这种场景在现实生活中很少见,一般只出现在实验室中。此外,在正弦波的频率大约为 700 Hz 时这种方式也可能会提供错误的信息。因为此时两耳之间的距离大约等于声波波长的一半,无法确定哪只耳朵先听到而哪只耳朵后听到声音。不仅如此,在特定情况下也会出现相位差为零的频率。在有反射的环境中,房间的形式和其他反射效应也都会影响两耳接受到的声波的相位,造成令人困惑的相位差。

2. 振幅与频谱因素

头部的大小会在我们接收高频声音时产生可感知的障碍,而在接收低频声音时则几乎没有影响。此外,耳廓的形状会影响反射和共振,肩部和身体的反射也会在一定程度上影响接收到的声音的频谱。所有这些影响因素的叠加,形成了对于不同位置和入射角度的声源的头相关传递函数(head-related transfer function, HRTF),其中包括了高度和前后位置信息。图 1.2 为不同方向的 HRTF 示例。

可以看到,图中频谱上存在许多波峰和波谷,通过这些波峰和波谷我们能够发现一些共同特征。这是一种大脑可以学习的独特的声音定向的编码形式。通常情况下,由于耳廓是朝前的,因此后方的声源与前方相比会有较低的高频

---

① 横向平面(lateral plane)指的是人体的横向平面,也就是从正面观察人体时所处的平面。在解剖学或生物医学中,这个术语可能用于描述身体结构或器官的位置、方向或运动,尤其是与矢状面(sagittal plane)和水平面(transverse plane)相对比时。

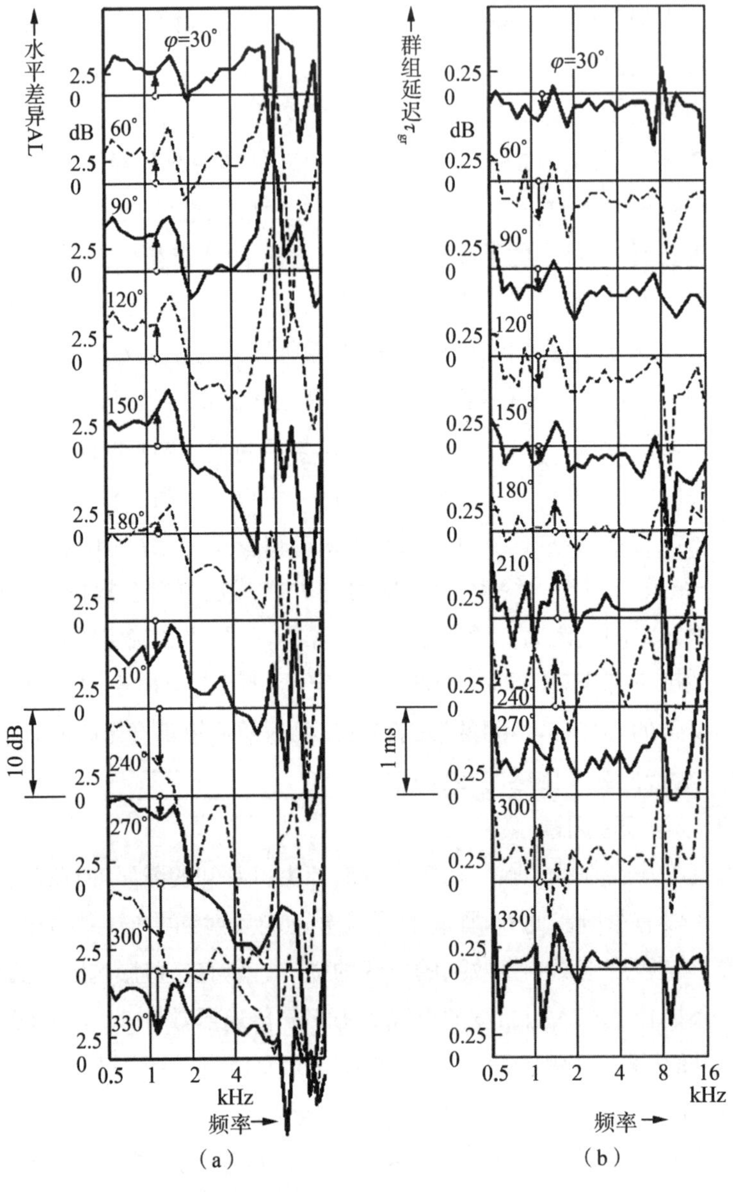

图 1.2　不同方向声音的 HRTF 示例(Blauert, 1997)

(a)耳平面上的电平差异;(b)时间差异

注:在耳平面上,以正前方为 0°角,左耳的单耳 HRTF;实验在消音室环境内进行、音箱①距离为 2 m。使用脉冲激励声,取 25 名听者的综合平均值。

① 本书将所有类型的扬声器均称为音箱,下同。

响应。德国声音心理学家延斯·布劳尔特(Jens Blauert)发现了所谓的“指向性频段”(directional bands)的概念。这些频段位于频谱的一些特定区域,对于人体正中矢状面①上特定位置的声源,这些频段会产生特定的增益和衰减。这一理论表明,在频谱中 8 kHz 左右的区域似乎与从头顶上方发出的声音的感知密切相关,而 300～600 Hz 和 3 000～6 000 Hz 范围内的区域似乎与前方的声音感知密切相关,大约在 1 200 Hz 和 12 000 Hz 的区域似乎与后方的声音感知密切相关。除了这些指向性频段之外,一些研究者还确定了频谱上的一些狭窄的波峰和波谷对应了某些特定的声源位置。例如,有学者(Hebrank et al., 1974)确定了频谱特征与人体正中矢状面定位之间的宽泛关系:在前方——在最低 4 kHz 到 8 kHz 之间有一个 1 倍频程的狭窄波谷,并且在 13 kHz 以上有能量增加;在上方——在 7 kHz 到 9 kHz 之间有一个 0.25 倍频程的峰值;在后方——在 10 kHz 到 12 kHz 之间有一个小的峰值,而在此峰值的两边能量减少;前方的高度随着 5 kHz 到 11 kHz 之间一个 1 倍频程的狭窄波谷的下限频率的变化而变化。

这些 HRTF 叠加在声源本身的自然频谱上,使我们很难理解大脑如何利用声音的单耳频谱特性来确定它们的位置,因为将声源本身的音色特性与 HRTF 添加的音色特性区分开来是很困难的。有一些证据表明,单耳听觉也提供了一些定向信息,并且大脑能够通过比较单耳 HRTF 与我们自身存储的一些声音定位模式来确定声源位置(Plenge, 1974),或者通过评估指向性频段来确定频谱中能量最集中的区域所代表的位置。单耳听觉可能更容易检测到移动的声源,因为当声源移动时,大脑会跟踪与声源自身无关的其他声音的频谱特性的变化。单耳听觉可能更多地被用于与人体正中矢状面相关的声源的定位,因为此时两耳间听觉的差异最小。

就像指纹一样,每个人的耳廓都不完全相同,形状和大小有很大的差异。因此,每个人的 HRTF 也有所不同,这使得在大量个体之间泛化频谱特性变得十分困难。曾经有人做过实验,他们通过挡住自己的耳廓并将使用了另一个人的 HRTF 信息的音频直接输入耳道,结果发现他们的声音定位能力明显降低。

---

① 人体的正中矢状面是指一个虚构的平面,它将人体分为左右两个对称的部分,这个平面通过人体的正中线,从头顶一直延伸到脚底,将身体分成相等的左右两半,正中矢状面是解剖学和生理学中常用的一个参考标准,用于描述身体结构、器官位置和相对位置关系。

但是在经过很短时间的适应之后，他们似乎就接受了新的 HRTF 信息。这一结果对于双耳音频信号处理的研究具有重要意义。在过去几十年里，人们在人类 HRTF 的特征化研究上做出了大量努力，希望找出对声音定位影响最大的一些特征。如果 HRTF 的某些细节可以简化或泛化，那么在音频系统对其进行模拟，使不同的听者都能获得理想的收听效果，将变得更加容易。有一些证据表明 HRTF 特征的泛化是可以实现的，但在使用自己的 HRTF 时定位效果最好。甚至有研究表明不同人的声音定位能力也有所不同，可以分为“良好的声音定位者”和“不好的声音定位者”。良好的声音定位者的 HRTF 信息被认为对于声音定位应用的泛化更为有用。

耳廓共振（由耳廓中心的腔体产生）被认为是产生声音外部化感知（声音来自头腔外部而不是头腔内部）的原因。使用扰乱这种共振的声音回放系统（比如某些类型的耳机），会使大脑认为声音来自头腔内部。一些研究人员尝试设计专门的耳机刺激耳廓共振，以便更好地还原某些个体真实的双耳听觉特征，从而改善耳机听音中的前方声音外部化感知（Tan et al.，2000）。

3. 双耳延迟和多种形式的优先效应

如上文所述，检测到单一波阵面（即来自单一声源）时两只耳朵所产生的空间感知，与两个类似的声音来自不同方向时存在明显差异，如图 1.3 所示。

前者的感知主要基于所谓的双耳延迟，而后者主要基于各种形式的优先效应。在耳机听音环境中当声音回放时，前者可能出现，听者主要通过两耳接收信号之间的延迟来判断声源位置。但在音箱听音环境中，优先效应往往更加重要。优先效应主要是一种瞬态声音的特征，而不是连续声音的特征。在这种效应下，两个或两个以上位于不同位置的声源，发出不同版本的相同声音时，大脑通常通过时间的延迟或振幅的偏移，获得方向信息。当两只耳朵都听到所有音箱的声音时，大脑倾向于基于最早到达的波阵面引起的双耳延迟来定位声源，也就是说声源会被认为来自最早到达的声音信号的方向。这种效应适用于声源之间的延迟比双耳延迟（0.65 ms）大几毫秒的情况。在约 35 ms 内到达的相似声音会被感知为融合在一起，而不会被感知为不同的声音。通过这种融合效应所获得的时间延迟往往也取决于声源的音色特性。例如清脆的打击乐声（咔哒声等）倾向于在音乐或语音等复杂声音发出之前被分离出来。

在有些情况下优先效应也被称为哈斯效应，该效应是由德国科学家哈斯（Helmut Haas）提出的。这种效应最初是在为了确定存在单个回声的情况

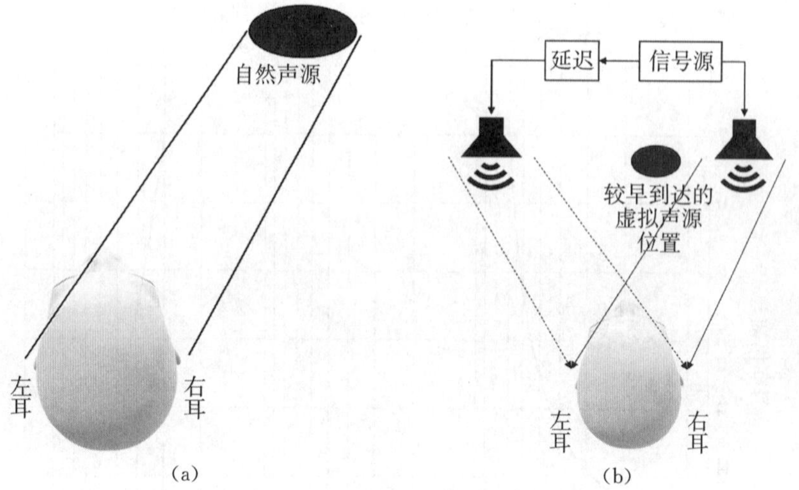

图1.3　空间感知的两个实例

注:分图(a)表示一个单一的声源发出的波阵面被两只耳朵分别感知。基于时间的定位主要由双耳延迟确定,与耳机再现和自然听觉十分相关。

分图(b)表示位于不同位置的两个声源发出基本相同的信号时,会产生两个波阵面,被双耳感知(每个波阵面分别产生相关的双耳延迟)。基于时间的定位主要由优先效应确定,这取决于两个信号的相对延迟和振幅,与音箱声音再现十分相关。

下,语音感知会发生什么变化时被发现的。哈斯认为声音延迟对人类听觉的影响要比音量大得多。第一个声音发出后25～35 ms发出第二个声音,听者会认为它们是来自同一个声源的声音;但若相隔时间超过35 ms,听者则会认为它们来自两个不同的声源。听者也主要通过第一声音确定声源的地点和方向。哈斯于1949年在博士论文中对其进行了描述。在音乐厅的设计中,经常使用哈斯效应对整体声音进行调整。

4. 与声音再现相关的基于时间—强度折衷的定位

两耳间的时间差和强度差可以相互折衷,以达到类似的感知方向的目的。许多研究人员已经进行了研究,并提出了不同的响度差异值,可以用来补偿双耳延迟中微秒级别的一定数值的时间差异。这种效应如图1.4所示。

可见,当延迟达到最大双耳延迟时,时间和强度之间的相互折衷作用停止发挥作用,使感知方向始终朝向较早出现的声音,直到两个声音出现了分离。

有研究(Whitworth et al., 1961)尝试使用双耳耳机(每只耳朵提供独立信号)来测量声源定位中时间和强度差异的折衷关系。他们发现不同情况下的折衷值之间的差异巨大,范围从120 ms/dB到1.7 ms/dB。他们在两个例子中

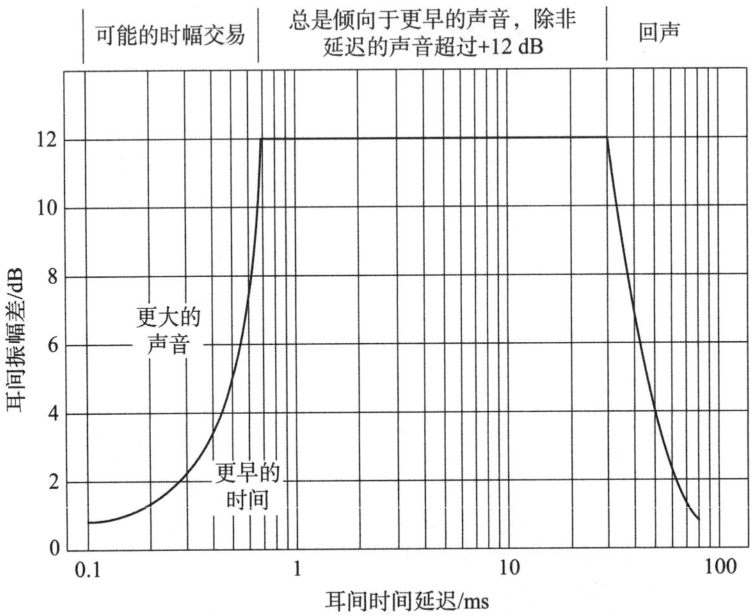

图 1.4 双耳时间—强度折衷效应(Rumsey, 2012)

使用了完全不同的声源类型——第一个使用强度很低的咔嗒声，第二个主要使用强度很高的低频波形的声音。实验的结论表明人类可能使用不同的机制来定位瞬态声音和持续的音调，持续的音调似乎比瞬态声音拥有更小的折衷比率。

在实际中这一情况更加复杂，一些研究表明(Harris, 1960)，经过滤波，仅包含 1 500 Hz 以下能量的咔嗒声会使时间—强度的折衷为 25 ms/dB，而经过高通滤波的去除了低频能量的相同咔嗒声则会使时间—强度的折衷达到 90 ms/dB 左右。一些研究人员还明确提出，时间差和强度差不可能完全自由交换，这对立体声麦克风系统的研究具有重要意义。例如，研究发现，在某些情况下，听者能够分辨出两种不同的信号(Hafter et al., 1972)。一种信号是通过引入时间差或电平差来使信号折衷的，另一种信号是自然地折衷的，没有引入时间差或电平差。听众能够区分这两种信号之间的差异。穆尔(Moore, 1989)认为时间差和电平差虽不完全等同，但这种差异可能只有在实验室中使用精心选择的声音信号时才变得重要，因为在现实生活中，时间差和电平差通常是一起作用的，以产生一个可以明确定义的声源位置。

约斯特等人(Yost et al.，1971)证实了在进行声音定位时，瞬态声音的低频内容比高频内容更重要。他们认为，由于低频声音激发内耳中最远离卵圆窗的耳蜗基底膜的末端，并且这一端的阻尼比较低，因此刺激的衰减过程会持续更长时间，为大脑提供更持久的信息流。许多报告显示，用瞬态声音刺激内耳的结果实际上是在耳蜗基底膜上产生强度持续衰减的正弦波，因此大脑实际上是在比较这些波形的相对相位，而不仅仅是瞬态声音的到达时间来确定声源的位置。Yost 在他的论文中提到，在现实的声学环境中，稳态声音(持续的声音)不能可靠地提供关于声源位置的信息，只有瞬态信息才能提供较为有用的线索。这一观点与惠特沃思的假设(Whitworth et al.，1961)相符合，即存在两种定位机制：一种主要受瞬态信息的低频内容(约 1 500 Hz 以下)的影响，仅依赖于时间差，而另一种机制更依赖于信号的振幅差，与信号的整个频率范围内的时间差和振幅差相关。

另一种类似的折衷现象可以根据优先效应发生在多个声源之间。图 1.5 所示的曲线表示了一个单独的声源在双音箱立体声系统所制造的声景中，偏离中心 10°、20°和 30°所需的时间差和电平差。

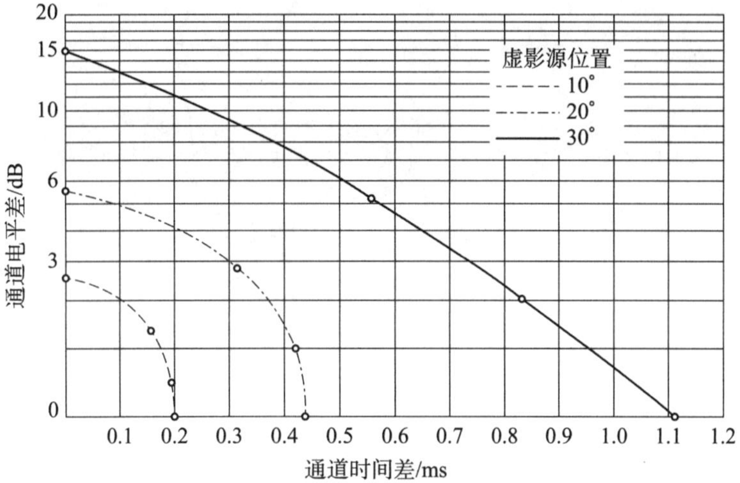

图 1.5　时间差—电平差曲线(Rumsey，2012)

注：小圆圈代表了 Simonsen 确定的数据点(Simonsen，1984)，信号是语音和沙锤声。

我们可以看到，在这个实验中，使一个声源完全偏向一侧需要大约 1.1 ms

的时间差或大约 15 dB 的电平差(或两者之间的某种混合组合)。

在使用符合 ITU - R BS. 775 标准(标准的五声道环绕配置)的 5 个音箱进行实验时,杰夫 · 马丁(Geoff Martin)及其同事发现,使声源出现在某些位置所需的时间差和振幅差取决于音箱的位置(Martin et al. , 1999)。一对后置音箱之间只需要大约 0. 6 ms 的时间延迟,信号就会完全偏向一侧,大致是前置音箱所需时间的一半。这可能是由于在这种配置中后置音箱之间的夹角较大(约 120°)所致。由于以头部同一侧的两个声源之间的时间差为基础定位信号比较困难,在左前和左后(右前、右后同)音箱之间延迟的信号,无法令人信服。他们的结论是,振幅差比时间差提供了更稳定的定位效果。

保罗 · 拉特利夫(Paul Ratliffe)于 20 世纪 70 年代在 BBC 的实验室进行了类似的实验,该实验使用了矩形布局的四声道回放系统,用振幅变化模拟音源位置的移动。图 1.6 显示了他的主要结论(Ratliffe, 1974)。他的结论表明,基于同一侧(左侧或右侧)音箱之间的振幅差的虚拟影像定位不准确,并且声

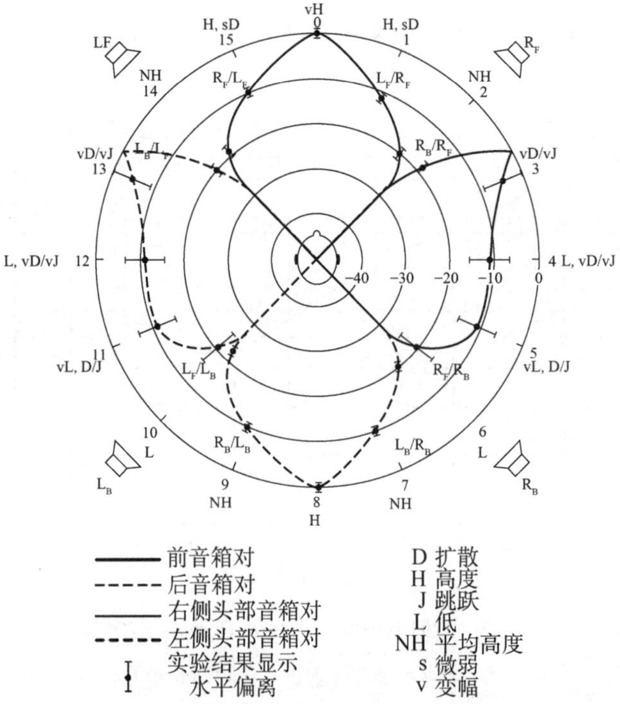

图 1.6 Ratliffe 的实验结论(Ratliffe, 1974)

源似乎从前方迅速跳到后方,而不是平滑地在侧面移动。这归因于同一侧的音箱对之间很难产生任何显著的耳间差异。

5. 反射效果

声源的反射水平和振幅也显著地影响了我们对空间的感知。在直达声被听到之后的早期时间段(50~80 ms),反射通常会扩展或加深声源的空间属性。虽然反射的声音很难被单独定位,但它们确实影响了空间感知。在约 20 ms 之内,如果反射的水平较高,可能会导致严重的音色染色(音色变化)。在 80 ms 之后,这些反射倾向于更多地形成环绕感或环境的开阔感。大卫·格里辛格(David Griesinger)在他的研究中多次表示,50~150 ms 之间的反射会削弱声音的清晰度和我们对声音的理解度。虽然在实际空间中无法避免这些反射,但他认为在处理人工混响时应将它们减少到最低程度。他认为人工混响的处理应着重于影响空间深度和声源扩散度的 50 ms 之内的时间段,以及用于制造空间感的 150 ms 之后的时间段。

6. 听觉与其他感官的相互影响

对于人脑来说,影响空间感知的因素之间是互相关联的,可能会受到其他感官的影响,尤其会受到视觉信息的强烈影响。大脑学习的经验使它认为某些因素暗示着特定的空间状况,这些因素与事实发生矛盾时就可能会引起大脑的混乱。例如一般来说,人们会默认飞机在人的上方飞行,很少有人会经历飞机在下方飞行的场景。因此即便声音文件中并没有刻意制造出声音的高度感,大多数人在听到飞机飞过的声音时会下意识地向上看。

在获取可见范围内的事件信息时,人们通常会相当依赖视觉感知。有一个有趣的现象是大多数人在听没有附带任何视觉信息或任何形式的头部跟踪活动的双耳录音时(耳机播放的声音),他们会将主要场景定位在身后而不是前面。研究发现,使用耳机从任何双耳系统中获取前方的声场是非常困难的。这可能是因为人们习惯于使用听觉来定位看不见的事物,在看不见某物的情况下会自然而然地认为它在后面。在无法通过移动头部来进行前后定位的情况下,大脑倾向于假定声音来自后方。因此,在双耳音频系统中,所谓的音频前后反转现象非常常见。

7. 声音定位因素之间冲突的解决

在各种线索存在冲突的情况下,听觉的定位过程往往是基于多数决策逻辑的。听觉感知的过程可以被看作一种假设生成和测试过程,即根据可用信息构建可能的情景,并根据随后的经验进行测试(通常在非常短的时间间隔内)。在这一过程中,与被听到的内容具有前后关系的因素和来自其他感官的因素都非常重要。在复杂的声音定位环境中,有一些效应能够帮助我们解决信息过多而造成的定位问题。如前文所述,声音定位过程中存在优先效应,因此反射环境中的直接声往往最影响定位,而随后的反射可能被认为不太重要。头部运动和视觉的辅助也有助于解决一些复杂环境中定位因素间的冲突。另外,来自离听者身体最近的反射表面,特别是地板的反射也可以以微妙的方式在定位中起到作用;移动声源提供的信息比静止声源更多,能够帮助大脑识别信息的变化,降低一些不确定性。

关于听觉场景的形成和对象识别的问题,我们将在下文进行讨论。这两个问题同样非常重要,因为与当前声音环境的认知框架不符的因素会比与当前声音环境的认知框架符合的因素,更多地被排除在声音定位的因素之外。

1.1.2 距离和深度的感知

除了声源的定位之外,感知距离和深度的能力主观上对于我们欣赏声音的质量至关重要。在这里,距离指的是一个声源听起来距离我们有多远,而深度可以用来描述场景的整体前后距离以及它所创造的透视感。在一些情况下,单个的声源也可能具有深度。

听音环境的"干湿度"不同,影响着我们对距离的感知。在一个简单的听音环境中,我们比较一下同一声源在靠近听者和远离听者时的差异,就会发现远离听者的声源具有以下特点:

(1) 音量更小(传播中的衰减)。

(2) 高频内容更少(受到空气吸收的影响)。

(3) 更多的混响(在有反射的环境中)。

(4) 直接声和首次地面反射声之间的时间差异更小。

(5) 地面反射的衰减更明显。

许多研究表明,在非反射环境中我们对声源的相对距离的判断相对准确,因为这时有一个已知距离的参照点,可以与其他声源进行比较,但在非反射环境中只使用听觉感知绝对距离是非常不可靠的。但在反射环境中,大脑可以获得大量额外信息以提高距离判断的准确性。直接声与混响声的比值与声源距离直接有关,混响时间和早期反射的时间可以告诉大脑很多关于空间大小以及反射面之间距离的信息，大脑会根据这些信息判断出一个边界，并认为声源不可能位于这个边界之外。当声源离听者非常近时，HRTF 频谱会产生相当大的变化，其在双耳之间的声压级差也会在一定范围的低频和高频上有所增加。

1.1.3　视在声源宽度

视在声源宽度也称感知声源宽度或表观声源宽度(apparent source width，ASW)。这一主观现象已经被与音乐厅声学相关的心理声学学者们研究了多年(Beranek，1996)。简单来说，视在声源宽度的含义为，从声学角度来看一个声源占据了多大的空间(非视觉感知)，如图 1.7 所示，一些人将它描述为声源宽度现象。

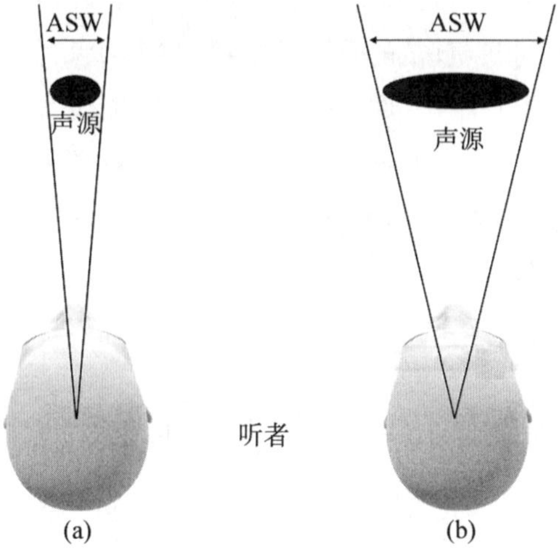

图 1.7　视在声源宽度(ASW)概念的图形表示

(a)较小 ASW；(b)较大 ASW

空间中的早期反射声的能量(约 80 ms 以内)似乎能在一定程度上使视在声源宽度显得更大，改变的程度取决于早期反射的大小和时间延迟。一些关于音乐厅的实验表明，在聆听声音时，听者往往更喜欢更大的视在声源宽度，但目前尚不清楚最佳的视在声源宽度是多少。一些人认为过度宽广的声源将难以定位并且显得不自然。

科研人员已发现，视在声源宽度与一种被称为“双耳交叉相关”(interaural

cross correlation，IACC)的双耳测量方式密切相关。双耳交叉相关指的是通过比较来自两只耳朵的声音信号，确定它们之间相似性或相关性的程度。简单地说，该方式衡量了两耳信号之间的相似程度。通过比较来自不同耳朵的声音信号，我们可以确定声源的方向和位置，因为声音会以稍微不同的方式到达每只耳朵，从而产生一些差异，这些差异帮助我们感知声源的方向和位置。许多研究利用不同的方法，在多个不同的频段和时间窗口中对IACC进行测量和计算。研究证明，在直接声之后约80 ms的时间窗口内测得的早期IACC似乎与音乐厅中的视在声源宽度最相关。

这种声源宽度的主观属性在声音回放中也会出现，并且可能与声场的模糊有关，我们有时很难确定是因为其声场宽广，还是因为其声场分散，所以难以定位。此外，应该区分单个声源宽度与总体声场宽度(也就是声场左右极限之间的感知距离)。目前尚不清楚在回放的声音中是否存在与音乐厅相同的更大视在声源宽度的偏好。根据日常的听音经验，我们认为流行音乐的混音师倾向于将声音的声场特性变得“精确”而“紧凑”，但他们同时也常常使用古典音乐录音中的麦克风技术来增加空间的宽阔感(增加混响)，以使声音更饱满、更融合，而不像是来自一个点。因此，声音宽阔感的问题对于现代的混音来说更多的是审美及习惯的问题。

1.1.4 包围感和空间感

近年的研究中在描述声音回放系统的空间特性时，越来越频繁地出现了空间感和包围感的提法，有时还有房间印象(room impression)的提法。它们主要与环境空间印象(environmental spatial impression)有关，并且主要是由反射声，尤其是晚期反射声产生的(特别是在大约80 ms后的侧向反射)。我们在阐述这类现象时遇到的主要问题在于很难确定它们的确切含义，因此不同的人所进行的不同描述实际上可能说的是同一件事。

空间感通常用来描述在听音环境中或回放时声音所呈现出的开阔空间或“房间”的感觉，其通常是由在该空间中演奏一些声源(如乐器)而产生的。它还与声音被人们所感知的外部化(externalisation)感相关联。这里的外部化感指的是声音来自头腔之外而不是靠近头腔或头腔内的区域。包围感是一个与空间感类似的术语，用来描述一个带有混响的声场的沉浸感和融入感，这种包围感会让人感觉声音来自四面八方。在音乐厅设计中，包围感被认为是一种正向的因素,是良好的音乐厅设计的标志之一。这些概念在实际空间中容易感受,但在声音回放中就会存在困难,特别是在一些进行过人工混音的案例中,因为混音的意图可能并不是呈现自然的声场,尤其是当声源被放置在环绕声混音中时,往往会使用直接声将听者包围,而不是混响的声音。虽然此类研究大多数是出于学术上的兴趣,但在试图评估系统和录音技术的性能以及寻找主观因素的物理测量方法时其会变得非常重要。

布拉德尼(Bradley)等研究人员试图定义与音乐厅中的听众包围感(listener envelopment, LEV)相关的度量标准(Bradley et al., 1995)。他们在研究中已经提出了诸如侧向分数(lateral fraction, LF)和侧向增益(lateral gain, LG_{80})等度量标准,它们与音乐厅中的晚期侧向反射声与全向反射声之间的比较相关。目前尚不清楚这些度量标准与小房间中的声音回放效果有多大关联,但葛利辛格(Griesinger, 1999)提出,如果要感知到空间感,则多个回放音箱的低频信号(700 Hz 以下)之间应该具有较小关联性,但高频信号可能需要更大的相关性。在这方面,音箱和房间在低频时的相互作用也是一个重要变量。

梅森(Mason)和拉姆齐(Rumsey)都试图开发与主观空间印象密切相关的测量方式(Mason et al., 2000)。他们的研究表明,传统的 IACC 测量在预测小房间中声音回放的空间特性时,表现得并不好,尤其是对于低频信号。同时他们发现,是多个声源及其反射之间的相互作用导致了 IACC 的波动,他们还研究了这些波动的速率和幅度对于不同形式的空间印象的重要性。

1.1.5　自然性

自然性是一个过于宽泛的术语,它无法直接通过任何物理手段来衡量,但它在与空间声音回放相关的主观数据中频繁出现。一些研究认为,声音感知中的自然性似乎与其他因素的相关性不大,但与空间体验的逼真度或听者对于还原自然的真实度的感知有关(Berg et al., 2000a)。在一些实验中,自然性似乎是确定声音质量整体的最重要因素(Mason et al., 2000)。研究认为,自然性可能主要是一种评估性或情感性的判断,并且可能较大地受音色的影响,并且高度依赖于所听内容。因此我们要清楚地认识到,上文提到的一些影响空间感知的因素(例如 ASW 等),只是使回放声音听起来自然或者有人为加工感的众多因素的一部分。

在回放的环境中大部分空间感知因素与自然环境是相似的，虽然它们的幅度和性质可能会略有不同。然而，也有一些情况被认为是只存在于回放环境中，在自然环境中很少或几乎不会出现。最容易想到的是反相位现象，即两个声源（如音箱或耳机）在相位上完全反相（180°相反），其通常是信号链中的某个地方出现了极性反转所导致的。反相位通常会具有强烈但极不自然的宽敞感，使听者无法定位听觉心理学上的幻影中心（phantom center），产生一种很不舒服的感觉。由于反相位在自然听觉中不会出现，对大多数人来说这是一种非常陌生的感觉，大多数没有受过训练的听者很难辨别出问题所在，而专业的音频工程师对反相位是特别敏感的。有时，极端的相位效应会被用于一些低端的音频产品中以创造额外的立体感。

1.1.6 空间声音感知中的认知问题

声音的认知问题涉及大脑的高级解释能力，与人们理解环境的经验和方式相关。

1. 声音线索在听觉场景分析中的分组和流畅性

近年来，心理声学领域中所谓的听觉场景分析问题越来越受到关注。这个术语也是阿尔伯特·布雷格曼（Albert Bregman）的一本重要著作的标题（Bregman，1990），它描述了大脑如何将接收到的声音刺激进行分组，并基于所呈现的基本特征形成对象的过程。大脑能够根据听觉的成分来创建和标记对象，这可能有助于它确定哪些对象属于某种所谓的场景（空间的复杂听觉形象），以及它们与场景中其他元素的关系。这使大脑能够为感知到的场景建立起环境模型。大脑必须从耳朵接收到的复杂频谱成分和时间相关信息中，解读出可以用来确定某些固定场景的有意义的信息，例如管弦乐队木管组中的单簧管略微偏离乐团的中心位置，在混响空间的偏后方。大脑中这些涉及信号处理和联想记忆的能力相当令人称奇。

听觉概念形成的方式似乎与感知流（perceptual streaming）有关。简单地说，信号成分之间存在的某些时间和频率上的关系往往会使大脑将它们联系起来，共同形成一个对象。如果该对象在之前曾被识别和标记过，大脑的记忆使人能够再次识别它。更高级别的感知常常以模式识别的形式来建模，感知流就是其中的一部分（Moore，1989）。

对于对象和场景的思考让人们开始考虑空间音频中离散对象和环境因素

对声音定位感知造成的不同影响。虽然人们已经对听觉感知中单个声源或对象的定位做了很多研究,但在封闭空间中听者并不能准确地定位大部分的反射声,而是倾向于在场景中形成一个扩散的背景。在讨论声音再现的空间属性时,我们有必要将听觉感知分为声源属性和环境属性,并且还可以将声源属性描述为被感知的单个实体的一组声源的属性(例如交响乐队中的弦乐部分)。环境属性通常以主观的方式被描述为包围感、空间感、房间印象等。

声源属性往往用位置、大小和距离来进行描述(Berg et al., 1999)。但一些主观描述,如深度,可能会存在歧义,因为它可能指整个场景的深度,也可能指其中的一个或一组元素的深度,这些问题需要在定义上有清晰的界定(Mason et al., 2000)。

Griesinger 提出了在声音回放环境中对空间特征进行分组的理论,并提出了关于控制他所谓的不同形式的空间印象(spatial impression)的物理线索的假设(Griesinger, 1997)。他认为与声场相关联的空间感可以被视为声源本身的一部分,直接与其相关联。这种描述声源而不是环境的空间感的方式可能是比较合理的。Griesinger 在他的研究中所说的连续空间印象、早期空间印象和背景空间印象与感知流之间有重要的联系。Griesinger 认为,当直接声源是连续的,无法分割成单独的事件时,与反射声的相互作用以及由此产生的耳间振幅和时间延迟的波动,可能会产生一种与声音相关的完全包围感或空间感。早期空间印象与形成声场前景的一个或多个单独声音事件相关联,反射声在声音事件发生过程中到达,并在声音事件结束后的 50 ms 内结束。他认为,早期空间印象被感知为在声源周围的空间中,并有助于声景的扩展。连续空间印象和早期空间印象都是在小房间中体验到的空间印象。在大空间或其他反射声在声音事件结束 50 ms 后继续持续的情况下,背景空间印象就会产生。这种空间弥散和晚期反射会带来良好的空间包围感,但背景空间印象并不与产生它的声源绑定,而被认为是一种环境因素。在混响时间较短的典型听音室内进行声音回放评估时,背景空间印象几乎肯定是由录制环境而不是由房间因素决定的。背景空间印象可能可以通过与环境更相关的术语在主观上进行描述,而对连续空间印象和早期空间印象的描述可能需要用与声源的宽广度相关的术语进行描述。

2. 主观属性的层次结构

在对声音回放的主观特征进行分析时,可以创建一个分层树状图,帮助我们更加清晰地理解并研究，声音系统的物理属性与相关主观判断之间的关系。图 1.8 是梅森(Mason)所做的树状图(Mason, 1999)。

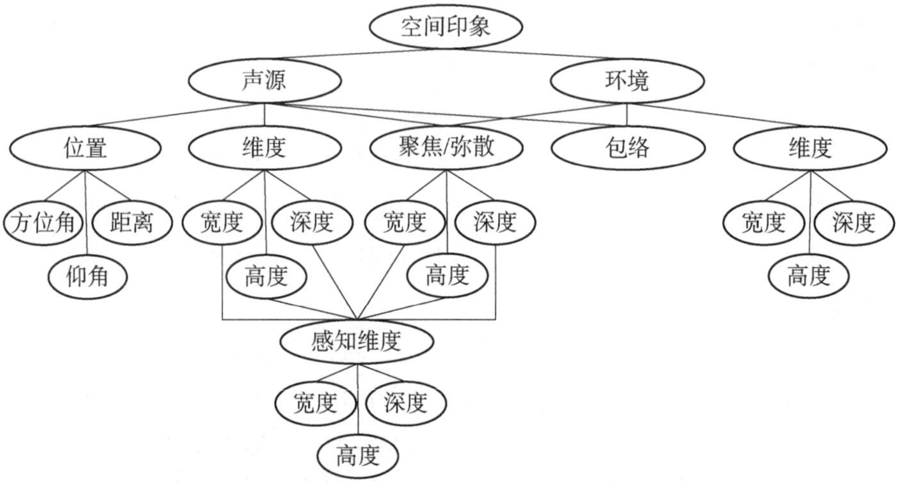

图 1.8 Mason 提议的用于主观分析的空间属性层次结构

3. 判断 vs 情感

在研究空间声音回放的主观效果时，有时将农纳利(Nunally)和伯恩斯坦(Bernstein)所谓的判断和情感区分开来是很有必要的(Nunally et al.)。他们提出，判断是人类的反应或感知，基本上不受个人意见或情绪的影响，可以进行外部验证(例如对问题“这根绳子有多长?”或者“这个声源的位置在哪里?”的回答)。而情感与偏好相关，或与某种情感反应相关联，无法进行外部验证，比如“喜欢/不喜欢”和“好/坏”之类的判断。当然，有许多例子可能不太容易被划分到这两个类别中。

对于空间声音，只要我们能清晰定义诸如包围感等术语的含义，并培训听者理解它们的具体操作方式，我们就可以合理地假设他们得出的反应是判断性的。但在实践中，在很多情况下除非我们能对主观现象进行准确的物理测量，否则很难满足所谓的“外部可验证”的标准。总之，就声音系统评估的目的而言，如果用于外部验证的一些问题可能会受到质疑，无法直接进行准确的测量，除非是为了了解听者感知到的声音和物理世界中的声音的不一致之处，否则声音系统评估中的主观评价似乎就没有什么意义了。

而在声音定位方面,外部验证则相对较容易,因为对于自然发生的声源,我们通常可以验证其位置,从而判断听者在各种情况下的响应准确程度如何。但当我们在声音回放中把这些所需的线索结合起来(例如通过 HRTF),情况就变得不同,因为尽管我们可能知道声源的位置,但没有现实的物理位置可供测量或进行验证。

在确定听者如何描述声音回放系统中的空间现象时,伯格(Berg)和拉姆齐(Rumsey)(Berg, 2000a,b)使用了一种被称为"凯利方格技术"(Repertory Grid Technique)的方法。这是一种心理学方法,用于评估个体的认知结构和态度。这种方法要求受试者对一系列对象进行比较,并根据某些特定的属性来描述它们。这些属性是事先确定的,并且可能涉及特定的研究主题。通过这种比较,可以了解个体是如何分辨和认识不同对象之间的相似性和差异性的,从而揭示他们的认知结构和态度。Berg 和 Rumsey 的实验在多个受试者中应用了三个不同的口头量表(代表不同的空间再现模式)。为了将描述性属性与评价性属性分开(类似于 Nunally 和 Bernstein 将判断与情感分开),他们采用了对话访谈的形式,根据分类方法过滤术语或短语,然后将描述性特征与情感反应分开分析,并试图确定与正面情感反应最密切相关的空间特征。在这个实验中,由环绕声产生的高水平的包围感和房间印象,而不是对声源的准确定位,似乎成为与正面情感反应最密切相关的描述性特征。

1.2　音乐创作中的空间化思维发展沿革

1.2.1　原声音乐的空间化创作思维

运用声音在空间中弥散长久以来一直是音乐创作与表演实践的重要组成部分。无论独奏或重奏,乐器和声源在空间中的摆放位置与方式不可避免地已经构建了某种空间布局。基于此,许多作曲家将表演空间及表演主体之间的关系视为重要的要素融入创作中去。下面将概述空间听觉在音乐艺术创作实践中的应用,同时探讨声音空间化技术与审美。

音乐表演者与听者之间的空间关系一直是音乐表演实践的重要组成部分,存在于我们熟悉的许多音乐表演场景之中:流行歌曲中男女声的轮唱、军乐队在广场上行进演奏、两人在相距数公里的山头上对唱山歌、钟楼上的钟声鸣响。

在西方音乐研究中,“轮唱”(Antiphonal)是非常古老的音乐实践形式,可以追溯到古代中东犹太人在圣经时代(biblical time)吟诵诗篇时的做法,同时还有更早的证据显示,罗马天主教会早在公元四世纪就采用了这一演唱方式。

将空间声音作为音乐创作的要素最早可追溯到16世纪中叶的威尼斯圣马可大教堂(Basilica di San Marco)。该教堂有两架管风琴,对称设置于教堂的两侧。作曲家阿德里安·威拉尔特(Adrian Willaert)开始利用了这一布局,为两个在空间上分隔开来的唱诗班和乐器组谱写轮唱作品,这一做法被称为分声唱(cori spezzati)。威拉尔特的《八声部晚祷》(*8-part Vespers*)(1550年)是已知的最早的“分声唱”作品。这种创作形式后来被威拉尔特的学生安德烈·加布里埃利(Andrea Gabrieli)和其他人继承发展,成为威尼斯音乐实践的标志性特征。最多时需要五个唱诗班才能完成作品的演出。

这种形式很快开始在欧洲传播并普及。这其中的代表作品为托马斯·塔利斯(Thomas Tallis)为伊丽莎白女王40岁生日所作的《除你以外,别无寄望》(*Spem in Alium*)(1573年)。这首作品包括40个独立的声部,由8个5声部唱诗班演唱。这种创作手法在巴洛克时期仍然盛行。其巅峰可能是奥拉齐奥·贝内沃利(Orazio Benevoli)于1628年为萨尔茨堡大教堂所作的《节日弥撒》(*Festal Mass*)。该作品需要53个声部,其中有16个人声声部和34个乐器声部,以及两架管风琴和通奏低音。

人们对分声唱的热情在巴洛克晚期开始衰退,但从浪漫主义时期开始,甚至是更早的古典主义时期,人们发现可以利用空间位置在作品中制造特殊的戏剧效果。早期的典型例子是莫扎特在其歌剧《唐·乔瓦尼》(*Don Giovanni*)中专门设计了空间声音效果,使用3组分别位于乐池、舞台和后台的乐队来演奏具有高度差异化的音乐素材,以体现剧中人物在不同空间中穿梭的效果。另一个浪漫主义时期的典型案例是柏辽兹(*Berlioz*)的《安魂曲》(*Requiem*)(1837年)中的“神圣号角”部分,作曲家使用了4个分布在舞台下的铜管重奏组制造空间音效。威尔第(Verdi)的《安魂曲》(*Requiem*)(1874年)和马勒(Mahler)的《第二交响曲》(*“Restruction” Symphony*)(1895年)中也使用了舞台外的铜管重奏组。

进入20世纪,人们开始利用表演者的位置来营造层次。美国的一些实验艺术家,如查尔斯·艾夫斯(Charles Ives),以及欧洲现代艺术家,如意大利未来主义(Futurist)艺术家路易吉·鲁索洛(Luigi Russolo)开始尝试不同形式的艺术素材拼贴,并追求艺术的时效性。那一时期的艺术家创作了许多反映工业化社会的音乐作品。艾夫斯开始利用多个独立乐团创作多层次拼贴(layering)的音乐,如《未答之问》(*Unanswered Question*)(1908 年)中弦乐被安排在舞台外,与舞台上的小号独奏和木管重奏形成对比。艾夫斯主要受到父亲的影响,他的父亲是一位美国南北战争时期的乐队指挥兼音乐教师,曾在战争时期指挥两支行进的军乐队从不同方向穿过广场,并从中获得了对空间声音的早期认知。

艾夫斯的空间音乐实验理念深刻影响了亨利・布兰特(Henry Brant),并在他的音乐中得到了充分发展,布兰特也被认为是现代纯声学(器乐)空间音乐创作的代表人物。布兰特的《轮唱Ⅰ》(*Antiphony I*)(1953 年)使用了 5 个在空间上分开的管弦乐队。他的《旅行 4》(*Voyage Four*)(1963 年)是一部"轮唱"交响乐作品,这部作品需要 3 位指挥来指挥舞台上的打击乐和铜管乐队、一侧包厢上的小提琴、另一侧包厢上的中提琴和大提琴、后方观众席中的低音提琴、后方包厢上的木管乐器和几名在观众席中的演奏员。他的作品《风中的鸟》(*Windjammer*)(1969 年)安排了一个固定不动的长号独奏者和几名沿着规定路线移动的演奏者进行演奏。布兰特同时还为一些特殊空间创作了装置化的空间音乐作品,如在纽约古根海姆美术馆螺旋中庭中演奏的《轨道》(*Orbits: A Spatial Symphonic Ritual*)。

1.2.2　电子原生音乐中的空间化探索

录音技术、无线电技术和电话的发明为音乐的发展开启了崭新的时代,人类第一次可以不再依赖音源本身的发声。随着技术的发展,人们开始在乐器设计和音乐呈现方式上进行一系列尝试。萨迪厄斯・卡希尔(Thaddeus Cahill)的电风琴(Telharmonium)(1896 年)在音乐史上被认为是第一种电声乐器,其通过电话线以订阅的方式,向用户提供音乐收听服务。该乐器重达 200 吨,需要 30 节铁路货车来运输。虽然该乐器最终没有取得商业上的成功,但很大程度上促使了同时代的发明家进行电声乐器的研发。1923 年,列昂・特雷门(Leon Theremin)发明了以他名字命名的乐器——特雷门琴。这是一个革命性的设计,乐器的声音从音箱中发出,手在两个天线附近移动来控制音高(频率)和音量(振幅)。特雷门琴的合奏表演可能是多声道音箱的第一个演出案例。

1948 年，法国广播电视总台（RTF）的工程师皮埃尔·沙费尔（Pierre Schaeffer）展示了首批用唱片机创建的音乐作品。这些作品的素材来自日常，例如厨房器具的敲击声或火车的轰鸣声。沙费尔称之为具体音乐（musique concrète）。这些音乐最初需要多个唱片机进行回放，但唱片机很快被磁带所取代。在与作曲家皮埃尔·亨利（Pierre Henry）合作期间，皮埃尔·沙费尔创作了一系列磁带作品，包括《孤独者交响曲》（*Symphonie pour un Homme Seul*）（1950 年）。当时多轨录音机尚未出现，因此 RTF 的作曲家经常使用多个单声道磁带机，将多达 5 个的磁带信号分配到一个四声道音箱系统。音箱按照四面体的配置进行排列，分为前置左右、后置和顶置。为了便于现场“混音”，沙费尔设计了一种被称为空间电位器（potentiomètre d'espace）的设备（1951 年），该设备用感应线圈来控制信号路由。设备在演奏时极具表演性，四个大圈围绕着演奏者，演奏者通过手臂的动作来控制混音。

20 世纪 50 年代初，作曲家开始采用便捷的磁带录音机，磁带使作曲家们可以轻松地对声音进行编辑。约翰·凯奇（John Cage）在纽约和一群同事建立了磁带音乐项目（Project for Music for Magnetic Tape），他们通过剪辑微小的磁带片段来编辑声音并创作作品。其中的代表作是凯奇的《威廉姆斯混音》（*Williams Mix*）（1952 年），这部作品使用了 8 个单声道磁带，每个磁带用单独的音箱播放，这些音箱等距离分布在听众周围。这是凯奇最早的音频拼贴作品之一。为了完成该作品的创作，凯奇创建了庞大的分类音频库，该库共产生了 3 部作品，如厄尔·布朗（Earle Brown）的《八重奏》（*Octet*）和莫顿·费尔德曼（Morton Feldman）的《交织》（*Intersection*）。这两个作品也都使用了 8 个单声道磁带同时匹配 8 个音箱。

德国人卡尔海因茨·斯托克豪森（Karlheinz Stockhausen）是在沙费尔的 RTF 实验室工作和学习的作曲家之一。在 RTF 完成了一首单声道作品后，斯托克豪森回到了科隆，开始在西德广播公司的电子音乐工作室（WDR）创作，并完成了一系列作品。1956 年，他以电子声音和男童的录音为基础完成了《少年的歌》（*Gesang der Jünglinge*）。这部作品使用了一台 4 轨磁带机和一台单声道磁带机，通常被认为是第一部使用多声道磁带完成的作品。斯托克豪森最初计划将第 5 个音箱悬挂在观众头顶，但由于搭建原因在首演时并未实现。首演后，作曲家对作品进行了重新混音，以环绕四声道进行播放。

《孔塔克》（*Kontakte*）（1960 年）是斯托克豪森真正意义上的第一首四声道

作品，设置了前置、左置、右置和后置音箱。为了创造声音环绕观众的效果，斯托克豪森使用了一个带有旋转功能的转盘系统，周围有 4 个麦克风，可以呈现声音在空间中旋转的效果。声音的空间移动一直是斯托克豪森后期创作的关键要素，其创作不仅限于电子音乐作品。如《群》(*Gruppen*)(1957 年)是为 3 个管弦乐队创作的作品，《信》(*Carré*)(1960 年)是为 4 个管弦乐队和 4 个合唱团创作的作品。这两部作品都探索了音乐材料在乐队之间的空间移动。《声之共鸣》(*Stimmung*)(1968 年)是为 6 位歌手而做的作品，人声通过 6 个等间距环绕摆放的音箱放大，将听众置于合奏声音的中心。

1.2.3　走进公众视野

随着 20 世纪 60 年代太空探索时代的到来，流行文化中包含了越来越多的对未来星际旅行的描绘。国际博览会的场馆自然而然成为多媒体的盛宴。艾伦·卡普罗(Allen Kaprow)和其他后表现主义艺术家的偶发艺术行为为环境剧场(environmental theatre)这一表演形式提供了模板。

以空间探索为主题的环境剧场的早期尝试之一就是旧金山莫里森天文馆的多媒体项目“涡流”(Vortex)(1957—1959 年)。该项目由视觉总监乔丹·贝尔森(Jordan Belson)和音频总监亨利·雅各布(Henry Jacobs)创建，展示了 13 个由投射光影和声音组成的节目。声音通过 36～40 个音箱播放，而声音的移动是通过一个特殊的旋转控制台实现的。节目包括了卡尔海因茨·斯托克豪森(Karlheinz Stockhausen)、弗拉基米尔·乌萨切夫斯基(Vladimir Ussachevsky)、武满彻(Toru Takemitsu)和卢西亚诺·贝里奥(Luciano Berio)的作品。该项目非常受欢迎，后来被邀请参加 1958 年布鲁塞尔世界博览会。

飞利浦馆(Philips Pavilion)是 1958 年布鲁塞尔世博会的主要多媒体装置空间，墙上设有多声道音箱(见图 1.9)，馆中展示了作曲家埃德加·瓦列兹(Edgard Varèse)的电子音乐作品《电子音诗》(*Poème Electronique*)(1958 年)。这部作品在音乐史上有重要意义。作为当时主要的照明和音视频设备制造商，飞利浦馆由著名建筑师勒·柯布西耶(le Corbusier)和作曲家伊阿尼斯·泽纳基斯(Iannis Xenakis)共同设计。建筑的外形为双曲抛面结构，内部被设计成一个巨型的胃的形状，一个连续的可投影表面可以接收电影放映机和照明设备所投射出的影像。场馆中播放的部分音频是瓦列兹的作品，时长 480 s，与勒·柯布西耶精心设计的视觉效果同步。音频播放源是带有齿孔的 35 mm 的三声道磁带,其中 1 个声道包含主要的音乐素材,另外 2 个包含混响和立体声效果。一个 11 声道的音响系统将每个声道动态地分配到 425 个音箱中,这些音箱被分成 3 个或 4 个一组。声音从一个位置移动到另一个位置是通过一组由 15 个轨道组成的控制系统实现的,共形成了 9 条不同的声音移动路线。

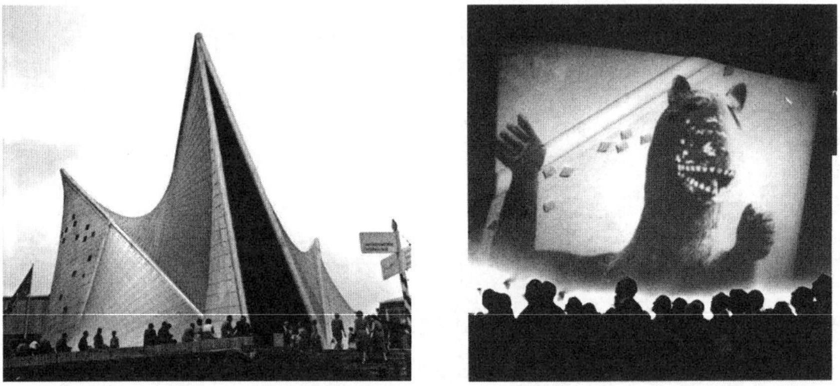

图 1.9　1958 年世博会飞利浦馆的外观与内部演出《电子音诗》的场景

1970 年的日本大阪世界博览会展示了由几位先锋作曲家创作的多声道音乐装置作品。在设计了飞利浦馆 12 年后,泽纳基斯以作曲家的身份参加了此次世博会,并在日本钢铁馆展示了他的 12 声道电子音乐作品《响花魔》(*Hibiki Hana Ma*)。该作品的声音通过一个由 800 个音箱组成的系统投射到观众周围、头顶和座位下方。与此同时在德国馆,斯托克豪森和 20 位独奏者每天在直径 28 m、可容纳 600 人的蓝色球形礼堂内举行两场音乐会,音乐会共持续 183 天。斯托克豪森在球体中心的一个点位上控制声音投射。55 个音箱悬挂在 7 个从场馆顶部贯穿到底部的圆环上,使声音沿着圆形和螺旋路径传播。独奏者们位于墙壁高处的 6 个小阳台上,观众则坐在一个透声网格上,完全被从上方和下方传来的音乐声所包围。斯托克豪森对这一经历的评论是:"与我之前在水平环绕音箱环境中的演出形成鲜明对比,这一次的'音乐空间旅行'最终实现了'三维声',这是通过这个礼堂实现的"。

在此次世博会中,日本钢铁馆和德国馆被设计为多声道的音乐演奏厅,百事可乐馆作为一个可变化的多媒体"乐器",则可根据艺术家的"编程"展现不同的个性。该馆是由一个名为艺术与技术实验(E. A. T.)的美国艺术家和工程师团队进行设计。馆顶上的 37 个音箱排列成菱形图案,可以由 16 台单声道磁带机和带有 16 个前置话放的 32 路音频输入联合驱动。输入切换系统允许将 4 个一组的输入合并发送到 8 个声音信号处理通道,每个通道都串联了 AM、FM 和高通滤波器。然后,输出信号通过可编程的开关矩阵传递到音箱系统,该系统由 37 个 12 in(1 in=25.4 mm)的 50 W 音箱组成。除了固定的音箱外,场馆还提供了大量手持设备,可以随身携带。每个手持设备通过电子感应系统接收音频信号,因此空间内的 11 个区域代表了 11 个可以由设备持有者设置的声音环境。

与飞利浦馆创造的演出奇观和斯托克豪森的交互演出形成鲜明对比的是,约翰·凯奇(John Cage)和莱雅伦·希勒(Lejaren Hiller)合作演出的 *HPSCHD*。*HPSCHD* 于 1969 年 5 月 16 日在伊利诺伊大学香槟分校上演。演出由 7 位羽管键琴独奏家、51 台磁带机、80 台幻灯片放映机、7 台电影放映机和 9000 名观众参与。总共有 58 个音箱用于羽管键琴的扩音和磁带的回放,磁带的内容是由计算机合成的羽管键琴微分音片段。51 台磁带机同 7 位独奏家的连续演奏,形成了密集的微分音音块。视觉展示部分同样密集,艺术家将一些塑料片作为投影屏幕挂在观众头顶,每个屏幕尺寸为 100 ft×40 ft(1 ft=0.3048 m),场馆四周墙壁上设有一个 340 ft 长的圆形屏幕。视觉展示的内容是由美国航空航天局提供的有关太空的 40 部影片和 5000 张幻灯片。

大卫·图多尔(David Tudor)是约翰·凯奇圈子中的另一位成员,两人也有频繁的合作。他在早期以一流的管风琴和钢琴演奏而闻名,是 20 世纪 50 年代前卫键盘乐演奏的代表人物之一,并终生致力于用复杂的电路制造交互式的声音装置。《雨林》(*Rainforest*)也许是他最著名的作品,这一系列作品有多个版本,最早的版本出现于 1968 年,是默斯·坎宁安(Merce Cunningham)的舞蹈作品的配乐。该系列作品始创于 20 世纪 70 年代初,旨在探索环境音响和声音雕塑的概念,尝试将自然声音与工业声音相结合,创造出独特的听觉体验。这一系列作品利用了多种的声源,包括工业设备、电子装置、各种材料的振动等。艺术家将这些声源布置在一个空间中,利用环绕声技术,通过空间中布置的多个音箱实现了立体声的呈现。观众可以在空间中自由移动,体验不同声源的交互和共鸣。创作该系列作品的目的在于探索声音与空间的关系,以及不同声音元素之间的互动。通过这种方式,观众可以沉浸在一个动态的声音环境中,体验到声音的立体性和丰富性。该系列作品展示了图多尔作为声音艺术家和实验音乐家的创新精神和探索热情,它是 20 世纪声音艺术的重要成就之一,为后来的许多声音艺术家和实验音乐家提供了灵感和启示。

1.2.4 多声道工作室中的严肃音乐创作和使用多声道系统的演出实践

从1960年开始，许多电子音乐工作室开始采用四声道的音箱阵列，将4个音箱放置在房间的4个角落。这一做法遵循了典型的几何形状，是对立体声系统的合理扩展，并且与当时的四轨录音机相契合。尽管当时四声道音乐最终未能在市场上普及（主要是由于黑胶唱片的限制），但基于磁带的四声道音乐在此后多年，逐渐在全球范围内发展为一种常规的操作方式，得到各地演出场馆的支持，并最终形成了一套完整的四声道音乐创作工具（硬件为主，后期出现软件）。

最早的创作者通常被迫自己动手制作四声道声像定位器，例如洛厄尔·克罗斯（Lowell Cross）用单个摇杆来控制4个声道。也有一些人开发了特殊的推子和旋钮来实现对声音的控制。随着模块化的模拟合成器在20世纪60年代中期的发展，利用电压控制放大器（Voltage Control Amplifier, VCA）进行空间声音控制成为主流。例如，波科勒（Buchla Series 200 Electronic Music Box，1970）合成器提供了四声道控制器。根据产品的宣传册，该设备可以"为四声道系统中的监听、控制和最终成品输出提供支持。内置的四声道混音、复制功能简化了四声道素材的处理操作流程"。

尽管这一时期的电子音乐大多数是由模拟技术实现的，但基于计算机的数字音频技术也得到快速发展。受制于当时计算机的高昂成本，这项工作只能在一些大型机构的支持下进行。这其中较为著名的是位于美国新泽西州的贝尔实验室。贝尔实验室的马克斯·马修斯（Max V. Mathews）和他的同事在20世纪50年代发明了计算机声音合成技术，他本人也被后世公认为计算机音乐之父。马修斯的第一个音乐程序于1957年完成，60年代初开始引起了其他学者的兴趣。当时还在斯坦福大学读研的作曲家约翰·乔宁（John Chowning）获悉了马修斯的研究成果，在1964年夏天前往贝尔实验室拜访了马修斯，当年秋天，他和一个计算机专业的同事开始研究如何用计算机模拟声音在空间中的传播。

1966年，他完成了一个程序，该程序让他可以"绘制"声音轨迹，并且计算声音沿特定路径传播时4个音箱之间的能量分布。这一时期，乔宁将他的注意力转向了音乐的数字合成，这是一项后来被证明改变了音乐发展史的伟大成就,在他的研究中诞生了强大的频率调制(frequency modulation, FM)合成技术,并由此催生出世界上第一台数字合成器雅马哈 DX7,彻底改变了音乐制作的方式。当乔宁利用具有丰富的音色变化的 FM 合成技术,重新开始空间声音处理工作时,同样得到了令人惊叹的结果。他完成了一部四声道作品,并在 1970 年于音频工程学会大会(Audio Engineering Society Convention)上发表了重要论文《移动声源的模拟》("The Simulation of Moving Sound Sources")。论文中包含了对多普勒效应、移动声音速度感知以及局部和全局混响效果的分析。

20 世纪 70 年代的斯坦福大学是计算机音乐研究的中心,斯坦福大学计算机音乐与声学研究中心(Center for Computer Research in Music and Acoustics, CCRMA)吸引了来自世界各地的作曲家。其中之一是罗杰·雷诺兹(Roger Reynolds)。他曾在加州大学圣地亚哥分校使用模拟音频技术,创作了一系列以人声作为主要音源的多声道作品。雷诺兹认为,由于人声是我们最熟悉的声音,我们的耳朵对其位置和质量的任何变化或异常都非常敏感。雷诺兹早期的"语音空间"(*Voicespace*)系列作品,如《静止》(*Still*)(1975 年),是使用模拟录音和混音技术以及模拟混响器和空间定位系统制作的。《月蚀》(*Eclipse*, *Voicespace Ⅲ*)(1979 年)和《宫殿》(*The Palace*, *Voicespace Ⅳ*)(1980 年)是其在斯坦福使用当时新的数字编辑技术和数字混响算法完成的。

Eclipse 是雷诺兹与艺术家埃德·埃姆什威勒(Ed Emshwiller)合作的跨媒体作品的一部分,在纽约古根海姆博物馆展出。该作品利用了博物馆巨大的中庭和螺旋坡道,将埃姆什威勒创作的影像投射到一系列屏幕上,而雷诺兹的音乐则从包括中庭顶部最高点位在内的 7 个音箱点位发出。*The Palace* 是雷诺兹更为传统的四声道作品。男中音和女高音在舞台上的固定点位交替演唱,而说话声由数字方式录制,以强调自然泛音的方式进行分析、处理,并从环绕观众的四个音箱中发出,以实现人声所达不到的声音规模。混响算法创造了一种不可思议的巨大的空间感觉,以一种声学上超现实的方式产生共鸣,但同时延续了歌手本人声音的音调。《变形风Ⅱ》(*Transfigured Wind Ⅱ*)(1984 年)是一部为独奏长笛、四声道磁带和管弦乐队而作的作品。作品使用计算机分析和再合成技术来分解、拉伸、变换长笛的声音,并将这些声音投射到音乐厅的空间中。作品的制作处理在巴黎的音乐声学研究与协调研究所中心完成。1996 年的作品《分水岭Ⅳ》(*Watershed Ⅳ*)是一部为独奏打击乐而作的交互式计算机

音乐作品，使用了六声道环绕系统进行演奏。它采用了一台运行定制软件的计算机和数字控制音频矩阵，将乐器的直接声和由数字混响装置制作产生的混响声进行合并，通过矩阵分配到六声道音箱系统。4 个音箱以等间距的四声道方式排列在舞台上，打击乐器设置在中心位置，而另外 2 个音箱作为左、右环绕声。空间化音乐的具体使用场景在作品中是持续变化的，打击乐的声音有时被投射到音乐厅的不同位置，听众能感受到自己似乎在表演者的位置上，有时声音会在空间内不停地移动。此类作品与本质上反映了严肃音乐及学院派创作理念的作品形成鲜明对比。

现在音乐人、乐手们更多使用现场混音的方式在音乐现场“推”出多声道效果，这种操作方式在英语中称为“live diffusion”。现场混音可以直接追溯到皮埃尔·亨利(Piepre Henry)在 20 世纪 50 年代初使用四声道音箱系统进行音乐演出。亨利本人直到晚年仍然是这一实践的前沿人物，被称为现场混音的鼻祖。

亨利的典型做法是播放预先录制的单声道或立体声原始材料，并通过特殊的类似调音台的装置将其分配到一组音箱。传统的电子音乐(更准确的说法是“tape music”)作曲家会将音箱设置成四声道或更大环绕声，与他们的做法不同，亨利通常使用异构的音箱设置，并根据音箱自身的音调特性以及演出场地的声学特性进行定位。他通常将大多数音箱作为主要的声音来源放置在房间前部，以模拟音乐演出时乐队在舞台上的场景，少量音箱设置在观众的侧方或后方以及悬挂在头顶上方。亨利的主要目的不在于在空间中移动声音，而在于通过用不同的音箱阵列执行不同的声部和片段来增强音乐性。举例来说，一个巨大且有冲击力的声音可能会被发送到远处的一对非常大的箱体中，并逐渐引入围绕观众的音箱中，同时增加低音炮的输入。同样，一个精致的有丰富细节的声音可能会通过悬挂在头顶上方的一系列非常小的高音单元音箱循环播放。这种演出的典型案例发生在 1999 年蒙特利尔的一个音乐节上。皮埃尔·亨利的杰作《约翰启示录》(*L'Apocalypse de Jean*)(1968 年)由他的助手尼古拉·韦兰(Nicolas Vérin)通过一个有 24 个主通道和 6 个低音通道的音箱系统进行回放。由于亨利作品中的多声道都是在演出中实时混出的，因此该作品的商业唱片也使用了此次音乐会的现场录音。

受亨利影响最大的是法国以及与法国有密切文化联系的国家和地区，20 世纪末至 21 世纪初，法国多地、比利时、加拿大魁北克等地都活跃着从事相关活动的团体和机构，在英国也有相当多类似的机构。20 世纪 90 年代以来，中国学院派电子音乐和实验电子音乐也深受其影响。

英国的伯明翰电子音响剧院（Birmingham Electro Acoustic Sound Theatre，BEAST）项目于 1982 年由著名电子音乐作曲家，伯明翰大学教授乔帝·哈里森(Jonty Harrison)发起。该项目开发了 BEAST 声音系统，将 30 个音箱成对排列，每对的特性都适合特定位置或功能，包括悬挂在观众头顶的专门开发的高频音箱阵列，以及超低频音箱。该系统的基本核心是 8 个音箱，这 8 个音箱被称为“Main Eight”，其中有 3 对位于观众前方的舞台区域，包含主音箱、加宽和加深音箱，剩下的一对位于观众后方。除了这八个音箱外，还可以选择在侧面、顶部，甚至非常遥远的特定位置加装其他音箱。在 BEAST 系统的设计中，一个拥有 100 个座位的大厅中通常使用 24 个音箱，一个特殊的 12 进 32 出调音台用来控制信号传送。与皮埃尔·亨利的作品一样，BEAST 的作曲家通常使用立体声源，在演出时保留原始的立体声声像，左声道信号被复制并发送到所有左侧音箱通道，右侧音箱则使用右声道音源。主要的 8 个音箱的推子被编入同一组，能够同时调节，其他的音箱则使用单独的推子。这种方式让现场演出时的多声道混音变得更加高效。

虽然这种多声道混音的表演实践主要流行于欧洲，但在美国也可以找到一些案例。位于旧金山的由作曲家斯坦·沙夫(Stan Shaff)参与建立的 Audium 剧院是其中较为古老的一个。Audium 剧院于 1960 年举办了第一场公开音乐会，原址一直保存至今(见图 1.10)。这个拥有 49 个座位的圆顶剧院有 169

图 1.10　Audium 剧院内部

个大小不一的音箱。与欧洲的多声道混音系统一样，Audium 通过定制的调音台进行手动操作。在最初的设置中，音源来自四声道磁带，最初的演出作品包括沙夫自己极具个人特色的作品。Audium 剧院的声音分配系统呈二叉树状结构，每个信号可以被送到特定的子系统中，并在特定数量、特定位置的音箱中播放。

1.3 空间音频技术发展简介——从单声道到三维声

1.3.1 早期的尝试

托马斯·爱迪生（Thomas Edison）在 1877 年发明了最早的圆筒留声机（phonograph）录音系统。早期的圆筒留声机将锡箔作为记录声音的载体，而后改用蜡筒。这种留声机在 19 世纪末期到 20 世纪初期较为流行，是当时最主流的录音设备。但这些留声机都为单声道，即每个圆筒只能记录一个声道。普遍认为单声道系统很难体现声音的“空间感”，因为只有混响才能提供有关距离和深度的感知。

现在公认的最早的立体声音乐传输案例是克莱门特·阿德（Clement Ader）在 1881 年巴黎的一个展览会上展示的装置（Hertz，1981）。他在巴黎歌剧院的台口灯架上放置了电话拾音器，并将这些拾音器输出的信号传送到展览会上的接收器。参观者可以从接收器的耳机里听到歌剧院的现场演出，体验到一些真实的空间感。这项装置后来被称为“电话戏剧”并投入商用，然而由于其高昂的价格和不佳的音质，20 世纪 30 年代单声道无线电广播普及之后便彻底停止了服务。

20 世纪 30 年代，贝尔实验室（Bell Labs）的 J. C·斯坦伯格（J. C. Steinberg）和 W. B·斯诺（W. B. Snow）对声音的方向性重现进行了研究。在早期研究中，他们尝试使用较少数量的通道来模拟无限数量的麦克风和音箱通道所产生的声波阵面。他们使用的是全指向麦克风，每个麦克风通过独立的话筒放大器连接到听音室中特定的音箱（见图 1. 11）。研究发现（Steinberg et al.，1934），使用 3 个声道（3 个麦克风匹配到 3 个音箱）能够得到较为真实且令人满意的还原结果，而将声道数量从 3 个减少到 2 个时，中央的声源似乎移向了舞台后方，但舞台的宽度似乎增加了。

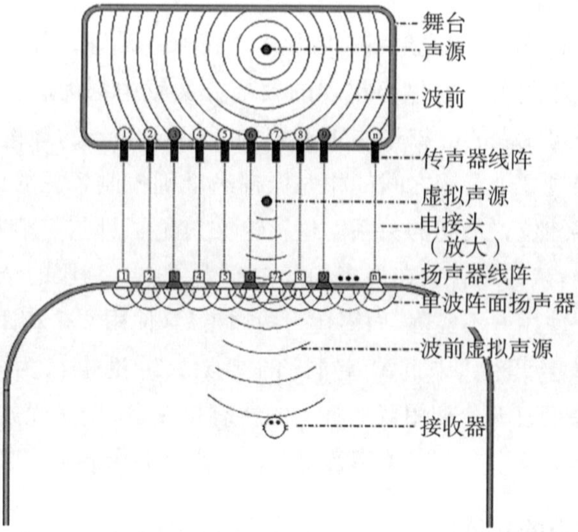

图 1.11　Steinberg 和 Snow 1934 年的录音实验搭建图(Braasch et al., 2008)

贝尔实验室的这一工作主要针对带有宽银幕的大型演出空间的音响,而非小型空间或家用设备。需要指出的是,虽然前置三声道系统在环绕声的概念普及之后才被大众所熟知,但在影院的音响系统中却早已是常规配置。由于座位区域的宽窄和图像尺寸的大小,对于影院中坐在侧方的观众,中置声道的一个重要的作用就是稳定画面中央的重要图像。中置声道自 1940 年迪士尼电影《幻想曲》(*Fantasia*)开始便被使用。《幻想曲》中甚至使用了一个特殊的控制轨道来自动将 3 个声道的声音分配至多个音箱中,包括一些后置通道。

1931 年,英国工程师艾伦·布鲁姆莱恩(Alan Blumlein)发表了著名的专利 Blumlein(1931),将麦克风录制的信号,转换成能够在标准音箱上播放的声音。Blumlein 认识到了单一声音的双耳感知(自然听觉中单一声源波阵面分别被两只耳朵听到)与 Snow 所称的立体声情境(stereophonic situations)(使用多个音箱信号来创建虚拟的立体声场景)之间的区别。他提出,只要在两个音箱之间引入振幅差(音量差),就能够在双耳之间构建相位差,产生类似于自然空间的听觉效果。该专利还发现了其他可以产生同样效果的麦克风摆放方式,最终产生了我们现在常见的重合配对摆放(如 X - Y 立体声话筒摆放等)。Blumlein 设计该系统的主要目的是在有限角度内并且在低频率的情况下,还原声源的空间听觉,但后来这一理论被证明在更广泛的使用场景下也能很好地传达声音的空间属性。

可惜的是，Blumlein 的成果发布后很多年都未在商业产品中得到应用，甚至在 20 世纪 50 年代关于立体声重现的大部分文献中都无法找到他的成果。1958 年，EMI 公司发表的一篇论文重新挖掘了 Blumlein 的理论，并更严谨地展示了如何仅通过 2 个音箱之间的相对振幅来准确控制音源的原始位置和立体声重现中的感知位置之间的关系。这篇论文讨论了贝尔实验室的三通道间隔式麦克风系统，认为尽管它在许多场景中产生了令人信服的结果，但由于成本高昂在家庭中使用并不实际，而简化为两通道后（使用 2 个相距约 10 ft 的间隔式麦克风）又会产生“中间有空洞”的感觉。讨论也认为，他们重现的 Blumlein 方法并没有充分利用双耳听觉的所有机制，特别是优先效应，但他们已经重现了自然听觉中一些有关声音定位的要点（Clark et al.，1957）。

1.3.2 走向成熟的立体声

在 20 世纪 50 年代用类似于 Blumlein 提出的方式，将两声道立体声音频刻录到黑胶唱片上的做法并未被运用到商业上，直到 20 世纪 60 年代，立体声唱片才开始大规模进入市场，当时许多唱片上都标注着“单声道录音，经人工再处理以在设备上呈现立体声效果”。披头士于 20 世纪 60 年代中期推出了专辑《佩珀军士的孤独之心俱乐部乐队》（*Sgt. Pepper's Lonely Hearts Club Band*），这是第一张多音轨录制并以立体声和单声道版本发行的流行音乐专辑（见图 1.12）。早期的流行音乐立体声在定位效果上常常相当粗糙，导致了“乒乓立体声”（ping-pong stereo）这一术语的出现，具体表现为混音中乐器的位置

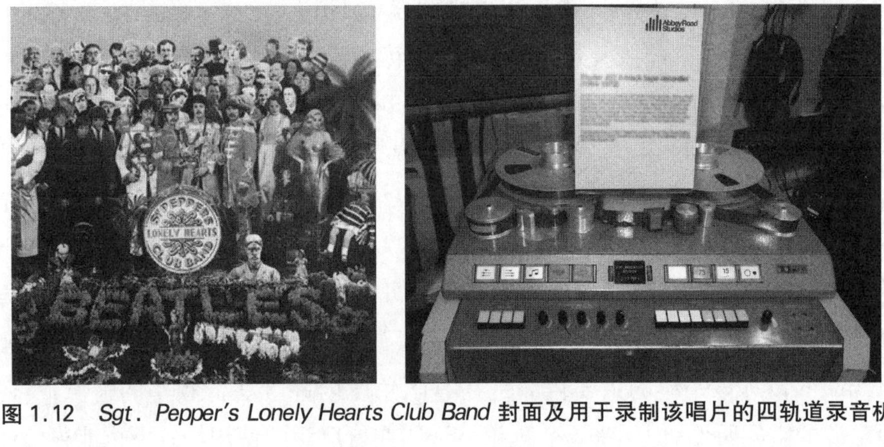

图 1.12 *Sgt. Pepper's Lonely Hearts Club Band* 封面及用于录制该唱片的四轨道录音机

被简单粗暴地分割为左和右。同样在 20 世纪 60 年代,具有立体声功能的 FM 广播出现,为大多数消费者提供了前所未有的音质水平和声场效果。

除了用 Blumlein 所描述的方式产生的立体声效果,还有一种我们熟悉的立体声,即双耳立体声(binaural stereo)。理论上,所有的声音重现最终都是双耳的,因为它最终都由听众的两只耳朵接收,但作为专业术语的双耳立体声,反映的是存在于人的两只耳朵处的振幅及相位差异。

用位于仿真头两耳中的两个麦克风来录制立体声音频,在学术界一直以来都很受欢迎,因为这种做法可以接收到更多有关人耳空间听觉的信息。最早的文献记录可以追溯到 20 世纪早期,当在耳机上回放录音时,出现了令人惊叹的逼真感。然而,对于这种对精准性要求极高的声音还原手段,录音时所使用的头部及耳部模型与听众头耳的差异、耳机的响应与耳朵的匹配程度、传输过程中信号是否失真都可能成为影响最终效果的关键变量。另外,由于缺乏有助于进行声音前后定位的头部运动信息,双耳立体声在重现中会出现前后定位不准的问题。此外,双耳立体声在不经过特殊处理的情况下无法直接与音箱兼容,也是阻碍其进行广泛商业应用的原因之一。此外,尽管理论上仿真头录音应该是最准确的立体声录音方式,但在商业音乐制作中,需要使用多支麦克风录制不同的声部,还需要进行大量的音效处理,因此单纯的仿真头录音模式往往并不可行。

直到 20 世纪 90 年代后,数字信号处理技术的发展使双耳立体声技术重新得到关注,并被冠以 3D 音频和虚拟环绕声等名称。随着技术的发展,人们可以使用专门的制作工具,通过算法将多轨道的声音素材整合成准确的双耳信号,这些声音素材也可以经过处理变成适合音箱播放的形式。各种软硬件系统的出现使得用计算机可以很便捷地渲染空间音效,甚至电视、手机等消费产品也可以通过特殊的算法,增强特定点位上仅使用两只音箱或耳机播放音频时的空间音效。虚拟现实系统和电子游戏也显著受益于这些增强空间音效的技术,并且越来越多地通过头部追踪技术将头部运动纳入空间音效的处理算法中。

在电影领域,除了上文提到的《幻想曲》使用了不寻常的系统外,直到 20 世纪 50 年代才开始采用立体声进行回放。在早期的立体声电影中通常根据场景将对话声音的声像进行频繁调整,以匹配视觉场景,这个过程往往费时费力。因此,人们开始逐渐将前中置声道用于播放对话,左右立体声道用于播放音乐和音效。在20世纪50年代，华纳兄弟公司推出了一个宽银幕电影声音系统，该系统拥有前置立体声双声道、中置对话单声道，以及一个独立的环绕效果单声道，而20世纪福克斯公司的环绕效果单声道(Cinemascope)格式也采用了类似的设置。

多声道立体声在20世纪50年代末至60年代变得越来越受欢迎，最终演变成了一个使用70 mm胶片，拥有多个前置声道、一个环绕声道和一个低音炮声道的格式，以配合高质量的宽银幕电影制作。在20世纪70年代初，杜比公司推出了杜比立体声(Dolby Stereo)，能够将四声道环绕声信号进行矩阵编码(matrix encoded)，与画面一起记录在35 mm胶片的两个光学音轨上。这是后来大多数模拟矩阵环绕系统，也就是杜比环绕声(Dolby Surround)的基础。这种模拟矩阵格式的主要问题在于要维持足够的声道分离度十分困难，需要在解码器中设置复杂的导向电路，将信号定向分配到适当的音箱上。如今，电影声音绝大多数已经使用数字音轨，通常包含多个离散声道的环绕声、低音效果声道，以及各种低比特率的编码方案。

1.3.3 环绕声和Ambisonics

在20世纪50年代末和60年代初，环绕声的音乐播放在普通消费者中还很难实现，但当时许多研究人员已经开始尝试使用多个分开的音箱播放经过混响处理的音频信号以增强传统立体声的回放效果。这种尝试倾向于使用环绕声通道作为辅助来增强传统的前置立体声的音效信号，可以被视为对现代环绕声概念的一种早期实践。

诞生于20世纪50年代的四声道技术(quadraphonic sound)是随着磁带的普及而出现的一种早期环绕声技术。如上文所述，四声道技术在20世纪50和60年代被早期的电子音乐作曲家所广泛使用，然而在商业领域，四声道却引起了许多争议，因为它代表了在市场引入环绕声的一次失败的尝试。造成这一结果的一部分原因是为了在类似黑胶唱片的二声道模拟媒体上传递四声道环绕声，不同的机构开发出了一系列的编码方法，它们之间的兼容性饱受诟病，并且与立体声格式也不兼容。与前文所述的杜比立体声不同，四声道技术不使用中置声道，而是通常配置方形布局的四个音箱，即两个前置、两个后置。由于前置音箱的两个音箱之间成90°夹角，在播放常规音乐时(音乐混音通常将主要内容置于前方的立体声声场中)经常出现与理想状况下的二声道不兼容的情况，即前方声场不佳,经常出现中间空洞。

虽然在那一时期发行了许多不同的四声道格式的黑胶唱片(见图 1.13),但没能吸引足够多的消费者购买。人们似乎不愿意为额外的两只音箱而买单,而且四声道编码形式太多,以至于没有明确的统一标准,消费者在使用过程中产生诸多不便。此外,许多人认为四声道编码损害了二声道立体声的完整性,因为后置声道的矩阵编码应该是二声道的补充,实际上却经常会影响声场表现。在这种情况下,四声道格式只是昙花一现,很快便被市场所淘汰了。

图 1.13　20 世纪 70 年代的四声道唱片和磁带机

Ambisonics 出现于 20 世纪 70 年代开发,其开发得到了原英国国家研究与发展委员会的支持,随后由英国技术集团(British Technology Group)及英国唱片公司(British Record Company)管理。Ambisonics 是一种球形的环绕声格式,也就是说除了水平平面外,它还覆盖了听众上方和下方的声源。与当时已有的多声道环绕不同,其不是用传统音箱的声道信号,而是用一种被称为 B-format 的信号来表达立体声场的信息,这些信号可以根据播放环境和音箱设置进行解码,进而提供了高度灵活的播放选项。这个额外的步骤允许制作人在混音时主要考虑声源的位置而不是音箱位置,并为回放声音时音箱的摆放位置和空间布局提供了相当高的灵活度。

尽管 Ambisonics 是一种强大的三维声算法,然而该技术在诞生后的很多年里并没有在商业领域得到广泛应用。许多制造商推出了针对消费端的 Ambisonics 解码器和专业设备,但使用该格式制作的商业作品在近几年才慢慢增加。这种情况一部分被归因于 Ambisonics 相对较宽泛,即该技术主要是一套三维声呈现原理和信号处理技术的集合，而不是一个特定的实施方案。这一现实让一部分的研究者感到失望，他们除了在一些实验性的作品创作和演出场景中使用相关技术外，还始终努力地推动这一技术作为实体来被更多人认识及推广。图 1. 14 展示的是在图形化音乐编程语言 Max/MSP 中运行的插件，该插件是试验性电子音乐创作者和研究机构开发的将 Ambisonics 算法用于现场演出和回放的空间音频系统之一。相比商业化的空间音频标准，这些系统往往更加灵活，可以在几个到几百个音箱中进行切换，但对于操作人员的要求也更高。随着三维音频越来越受欢迎，尤其是 VR 等更加依赖声音定位的使用场景出现，三维声的概念被越来越多的人所熟知，不同的厂商开始以 Ambisonics 算法为基础开发自己的三维声标准。Ambisonics 成为被广大三维音频从业者所熟知的概念。

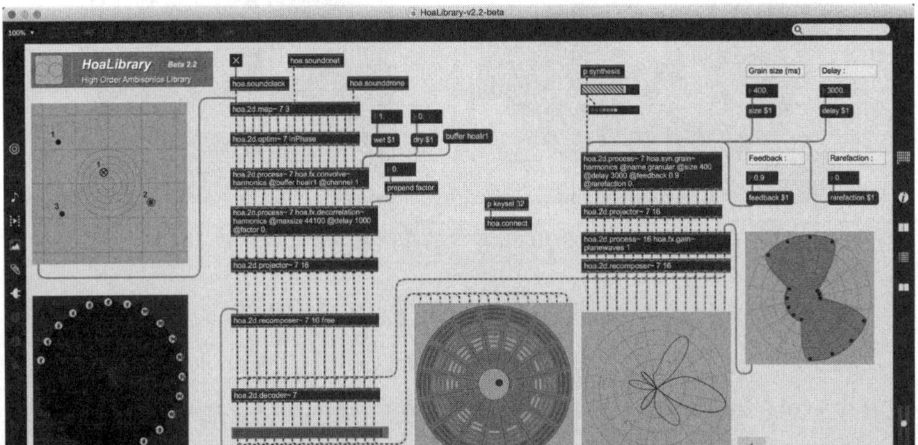

图 1.14　在 Max/MSP 中运行的插件

20 世纪 90 年代后，针对普通消费用户的数字多功能光盘(Digital Versatile Disc，DVD)等音频格式以及用于电影和广播电视的数字音频格式(如杜比数字和数字化影院系统)的发展，为环绕声的发展带来了新的动力。随着家庭影院概念的产生，消费者开始在家庭环境中广泛安装环绕声设备。近些年来体积更小、成本更低的音频设备，如条形音箱(Sound Bar)出现，这一趋势变得愈加明显，安装环绕声设备很可能会成为提升观影体验的一种方式(人们已经习惯了在电影院中的环绕声，希望在家中也能享受到)。在过去，单纯的播放音乐似乎不足以成为配置影音设备的理由，观看电影、玩电子游戏却是全家人都能享受的娱乐，这就消除了安装更高级音响设备的障碍。因此，在四声道技术未能赢得市场的情况下，家庭影院却在一定程度上取得了商业成功。家庭影院之所以在商业上取得成功是因为同时具备了所有必要条件：与 40 年前相比，人们对娱乐和休闲项目的开支增加了，音频、影像的技术质量提升，以及面向大众市场发布的数字媒体内容增多了。

对于家庭影院，人们较为熟知的数字格式通常符合国际电信联盟(International Telecommunication Union，ITU)的 5.1 声道配置，即 3 个前置声道、2 个环绕声道和 1 个可选的低音效果声道，因低音效果声道带宽有限而被称为“0.1”声道。其中前置左右声道与二声道立体声保持兼容性。此外，数字技术的成熟解决了前文提到的模拟四声道中离散声道传送和储存的矩阵编码问题。ITU 标准并未定义环绕声信号的编码方式，而是只规定了音箱的布局。因此，对于这一标准，没有一个所谓“正确”的声场表达或空间编码方法，但需要了解的是，该标准旨在将 3 个前置声道用于具有清晰定向属性的主要信号源，而后方和侧声道只是作为辅助的表达环境、音效和房间声音的通道，以增强空间效果。许多人误以为这种布局应该能够实现声场的全面定位，但实际上，由于人对声音定位感知的限制和设备本身的物理限制，要实现声场的全方位定位十分困难。举例来说，在 5.1 系统中创建侧后声场并非不可能，但它们的稳定性远不及前方声场，且后方音箱的角度会使后方声场产生一些不可避免的问题。例如，无论使用振幅方式还是时延方式调整后方声场的声像，信号会快速地从一个音箱跳转到另一个音箱，造成声场移动的不均匀。

从立体声到环绕声再到 Ambisonics 的发展，我们可以看出虽然音乐领域是最早尝试多声道回放的，但电影工业在多声道的商业发展过程中起到了重要作用，是音频回放形式革命的推动力，音乐行业在这一过程中搭乘了顺风车，开始多声道内容的制作。一旦人们在家中安装了这些系统，或使用了能够渲染出多声道效果的耳机，他们也会乐意聆听没有画面的纯音乐。尽管许多音频工程师很难接受他们必须使用为电影制作而设计的音频布局，因为对于很多纯音乐或是演出场景这类标准是并不完美的，但大多数人意识到他们不太可能成功地推广专门用于音频制作的多声道系统，因此更多的人选择了妥协，选择了能够被更多人和更多场景所使用的音频制作和展示方式。

1.3.4 Ambisonics 技术概述

1. 基本原理

Ambisonics 技术旨在提供一个完整的分级方法来进行定向声音的拾取、存储或传输和再现，并兼容单声道、立体声、水平环绕声和三维声再现。根据所使用的声道数量，Ambisonics 可以再现空间声音的不同维度。Ambisonics 系统中存在许多信号格式，其中“A format”用于麦克风拾取，“B format”用于工作室设备处理，“C format”用于传输，“D format”用于解码和再现。一种被称为 UHJ 的格式可将多声道 Ambisonics 信息编码成 2 个或 3 个声道，由此保持对单声道和立体声设备的兼容性。

Ambisonics 的原理不同于传统环绕声。传统环绕声明确规定了所使用的通道数量，并且通常无法灵活适应不同声道数量的环绕声系统。以四声道为例，四声道系统通常通过在每对音箱之间创建传统的立体声声景来实现环绕声，当听众偏离中心或音箱张角大于 60°时，传统立体声的表现就会下降。此外，由于在四声道系统中音箱大致呈 90°，存在形成“中间空洞”的可能性。传统立体声理论不适用于摆放于听众侧面的音箱。Ambisonics 将各个方向的声音编码为声压和速率分量，将这些信号解码到多个音箱上，并采用在心理声学上被认为有效的 700 Hz 搁架滤波（shelving filtering）来纠正头部的阴影效应，同时采用振幅矩阵确定当前音箱布局中每个音箱的电平。

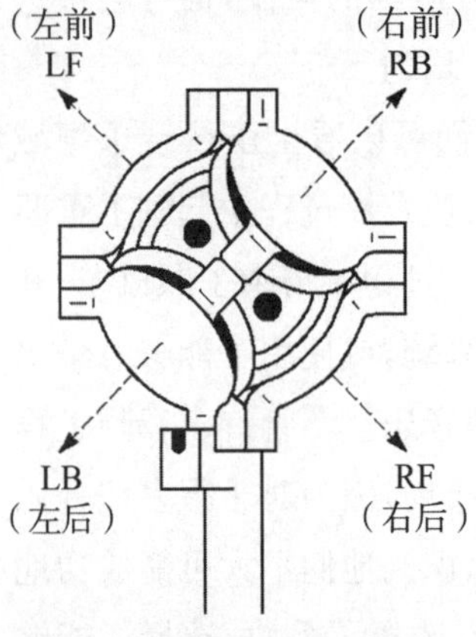

图 1.15 Ambisonics 中“A format”话筒的指向

Ambisonics 信号的来源可以是环绕声麦克风或者通过人工定位的单声道或立体声信号，系统将这些信号存储为“B format”格式，在调整好信号之间的比例之后，将其分配到听众周围的音箱上。

2. 信号格式

如上所述，Ambisonics 有 4 种基本信号格式：A、B、C 和 D。“A format”是由 4 个信号组成的，这些信号由 4 个心形指向的胶囊麦克风组成的环绕麦克风产生，如图 1.15 所示。

这些麦克风安装在四面体的四个面上，分别对应左前（LF）、右前（RF）、左后（LB）和右后

(RB)。由于这些麦克风不完全重合,需要对这些信号进行均衡处理,以使声场的位置位于四面体的中心。

"B format"由四个信号组成,它们共同表示了声场中任意方向的声压和速率分量。我们可以将其理解为 M/S 立体声增加了额外的差分通道,以表示高度和深度信息。这四个信号由三个正交的八字指向组件(X、Y 和 Z)和一个全指向组件(W)组成。水平平面上的所有方向都可以由 W、X 和 Y 的标量和矢量组合来表示,而 Z 则用于表示高度信息。X 相当于前向的八字形指向麦克风(等同于 M/S 立体声中的 M),Y 相当于侧向八字形指向麦克风(等同于 M/S 立体声中的 S)。X、Y 和 Z 组件相对于 W 信号(0 dB)在前向、侧向或向上方向的增益为+3 dB,以实现对不同位置声源的大致相似的能量响应。

一个"B format"信号可以从"A format"麦克风中派生出来。要从"A format"麦克风信号中产生"B format"信号,只需要通过求和或求差的方式。因此:

$$X = 0.5[(\mathrm{LF}-\mathrm{LB})+(\mathrm{RF}-\mathrm{RB})]$$
$$Y = 0.5[(\mathrm{LF}-\mathrm{RB})-(\mathrm{RF}-\mathrm{LB})]$$
$$Z = 0.5[(\mathrm{LF}-\mathrm{LB})+(\mathrm{RB}-\mathrm{RF})]$$

W 作为全指向信号,可以在相位一致的情况下,通过将 4 个胶囊麦克风的输出信号相加产生:

$$W = 0.5(\mathrm{LF}+\mathrm{LB}+\mathrm{RF}+\mathrm{RB})$$

在麦克风中,可以对 W、X、Y 和 Z 的电信号进行校正,以补偿它们之间的响度差异,从而弥补声压和速率分量之间的差异。例如,由于 W 是由速率式麦克风信号通过相加的方式产生出来的,而速率式麦克风没有传统的压力感应式全指向麦克风那样的低频响应,因此在非常低的频率下需要对 W 的信号进行补偿。

"B format"信号也可以通过直接将胶囊麦克风或多个麦克风以"B format"模式设置来创建,即 2 个或 3 个八字指向麦克风呈 90°摆放并叠加一个全指向麦克风。Z 分量对于水平信息并非必需。

以 θ 作为水平平面(方位角)中的入射角,以 η 作为相对水平面的仰角,那么在"B format"不同信号的极坐标可以表示如下:

$$W=1$$
$$X=\sqrt{2}\ \cos\theta\ \cos\eta$$
$$Y=\sqrt{2}\ \sin\theta\ \cos\eta$$
$$Z=\sqrt{2}\ \sin\eta$$

“C format”由 4 个信号组成 L、R、T 和 Q，符合 UHJ 层次结构，是兼容单声道或立体声传输或录制的信号。“C format”是一个适用于消费端的矩阵格式。L 是双声道兼容的左声道，R 是相应的右声道，T 是一个第三声道，用于更准确的水平方向的解码，而 Q 则是包含高度信息的第四声道。用来组成“C format”信号的“B format”信号信息需要进行精心优化，以确保与传统立体声和单声道播放的最佳兼容性。如果定义 $L+R$ 为 Σ（类似于 M/S 立体声中的 M）并且定义 $L-R$ 为 Δ（类似于 M/S 立体声中的 S），那么：

$$\Sigma=0.9397W+0.1856X$$
$$\Delta=\mathrm{j}(-0.3420W+0.5099X)+0.6555Y$$
$$T=\mathrm{j}(-0.1432W+0.6512X)-0.7071Y$$
$$Q=0.9772Z$$

其中 $\mathrm{j}=\sqrt{-1}$）代表 90°的相位提前。

“D format”信号是分配给音箱进行再现，并可根据所选的音箱布局进行调整的信号。“D format”信号可以借助适当的解码器从“B format”或“C format”信号中派生出来，因此在理论上不受限于音箱的数量，也不受限于音箱的空间布局。4 个音箱就能提供足够的环绕声效果，而 8 个音箱可以用于具有高度信息的三维声。将“B format”和“C format”信号解码为音箱信号是一项复杂而冗长的工作，本节不进行深入讨论。

3. 高阶 Ambisonics（High Order Ambisonics， HOA）

如上所述，一阶 Ambisonics 的空间分辨率相对较低，在实践中，这意味着声源稍显模糊，可用的听音区域相对较小。将额外的方向性信息纳入 Ambisonic 的“B format”信号结构可以产生更好的方向编码，覆盖比一阶 Ambisonics 更广泛的听音区域。加入了这些信息的信号集被称为二阶、三阶 Ambisonics，或统称为高阶 Ambisonics（HOA）。通过添加 2 个组件 U 和 V，可以增强 Ambisonics 水平方向的效果，这两个组件的极坐标描述如下：

$$U=\sqrt{2}\cos(2\theta)$$

$$V=\sqrt{2}\sin(2\theta)$$

高阶 Ambisonics 通常用一系列球谐函数来描述声场。这些球谐函数是一组基函数，可以表示在任意球面上的声压分布。在数学上，高阶 Ambisonics 信号可以表示为球谐函数系数的线性组合。例如，第一阶 Ambisonics 只涉及一阶球谐函数，而第二阶 Ambisonics 则包括一阶和二阶球谐函数。更高阶的 Ambisonics 将包括更多阶数的球谐函数。高阶 Ambisonics 信号可以用公式表示为

$$S(\theta,\phi,f)=\sum_{n=0}^{N}\sum_{m=-n}^{n}Y_n^m(\theta,\phi)\cdot A_n^m(f)$$

其中：

$S(\theta,\phi,f)$是声场信号，取决于方位角 θ、俯仰角 ϕ 和频率 f。

$Y_n^m(\theta,\phi)$是一阶球谐函数，描述了声场的方向性。

$A_n^m(f)$是时域上的 HOA 信号系数。

N 为阶数，决定了系统的空间解析度。

通过改变每个球谐函数的系数，可以调节声场的方向、幅度和空间特性，从而实现对声场的精确控制和再现。

1.4　商业空间音频标准的发展

如上文所述，四声道是最早进入商业市场的多声道系统，于 20 世纪 50 年代出现。然而，公司之间的持续竞争，形成了混乱的局面，最终导致了商业上的失败。在这之后，立体声格式依然是消费市场上最主流的音频回放形式。杜比实验室于 1976 年推出了杜比环绕声。这项技术实现了利用矩阵编码在立体声声源上传送环绕声信号。从那时起，像杜比和数字影院系统公司(Digital Theater System，DTS)这样的公司通过一系列的技术创新不断改进家庭环绕声。本节将讨论从标准的 5.1 配置，到基于对象的环绕技术的演变过程。

1.4.1　进入公众视野的杜比数字

现在的音视频用户可能已经很少记得或了解激光视盘(Laser Disc，LD)

了。它最初诞生于1978年，直到1983年先锋电子公司控股了这项技术后，才开始在全世界，尤其是北美市场取得了快速发展。激光视盘的一个关键优势是其比家用录像系统(Video Home System, VHS)的录像带拥有更大的存储容量。杜比公司利用了这一优势，创建了AC-3，后来被称为杜比数字(Dolby Digital)。这种格式增加了带宽更高的环绕声音箱，以及一个低频效果通道，被称为5.1声道配置(如前文所述)或杜比数字5.1。杜比数字5.1中每个声道都是独立的，无需矩阵化。

电影《燃眉追击》(*Clear and Present Danger*)是第一部以杜比数字环绕声在家庭影院上映的电影。从最初亮相于LD，到1997年DVD问世时，杜比数字已经确立了自己作为默认的环绕声格式的地位。直到今天，杜比数字5.1仍被广泛视为环绕声的标准，应用于大多数蓝光光盘上。

1.4.2 竞争者DTS

多年来，杜比一直主导着环绕声领域，然而科技市场从来不缺少竞争者。1993年，DTS进入了市场，并为电影制作提供了数字环绕声混音服务，DTS的技术首次在电影《侏罗纪公园》中亮相于影院。尽管后来它也登上了激光视盘LD和DVD，但应用并不广泛。DTS利用更高的比特率传递更多的音频信息，就像256 kbit/s的和320 kbit/s的MP3文件之间的区别一样，观众可以感知到DTS所带来的音质提升。

1.4.3 6.1系统

为了通过扩展音场来改进环绕声，一些家庭影院公司推出了6.1系统，额外增加了一个音频通道，在房间后部中央又放置了一个音箱，并称之为后置环绕或后方环绕。这在字面上引起了一些混淆，因为5.1系统中的环绕音箱通常放置在座位区域后面，人们已经习惯于将环绕音箱称为“后置”。设置第六个音箱最初的目的是让听者产生声音来自后方或朝向后方的感觉，随着不同公司提供不同版本的6.1环绕声，情况变得复杂。杜比数字和汤姆林森·霍尔曼实验认证(Tomlinson Holman Experiment，THX)合作创建了一个称为“EX”或“环绕EX”的系统，该系统通过矩阵编码方法将第六个声道嵌入左右环绕信号中。与此同时，DTS提供了两个独立的6.1版本：DTS-ES离散和DTS-ES矩阵。正如名称所示，DTS-ES离散将特定的声音信息直接编程到DVD或蓝光光盘上，而 DTS - ES 矩阵则使用与杜比数字 EX 相同的技术，从环绕声道中提取信息。

1.4.4　7.1 系统

当人们开始熟悉 6.1 系统时，7.1 系统就已出现，并成为新的环绕声标准格式。随着高清 DVD 和蓝光光盘的问世，7.1 系统在很大程度上取代了它的前辈们。与 6.1 系统类似，7.1 系统有几种不同版本，它们都增加了后置环绕音箱。得益于蓝光光盘的大容量存储，曾经只针对单个后置环绕音箱的环绕效果现在可以通过立体声分配到 2 个音箱，每个音箱负责接收特定信息。对于消费者来说，为了 6.1 系统专门添置了后置环绕音箱的人们如今又需要购置一只新的后置环绕音箱。

杜比提供了两种不同格式的 7.1 环绕声。杜比数字增强版（Dolby Digital Plus）是“有损”音频版本，它对所有的离散音频通道进行有损压缩，而不是使用矩阵编码的方式，以在蓝光光盘上节省空间。而杜比全高清（Dolby TrueHD）是无损的，压缩过程中不会丢失任何声音信息，提供了对录音室母带几乎完美的再现。

同样的，DTS 也有两种 7.1 版本，DTS - HD 是有损的 7.1 环绕声格式，而 DTS-Master HD 是无损的。

需要注意的是，并非所有蓝光光盘都包含 7.1 声道环绕声，存储空间是主要的影响因素之一。如果光盘上存储了视觉内容，可能就没有足够的空间来容纳环绕声信息。在许多情况下，我们可以通过播放器中的矩阵处理技术将 5.1 混音扩展为 7.1，但这在超高清的 4K 蓝光光盘上变得越来越罕见。

1.4.5　9.1 系统和 Pro Logic 的回归

购买 DVD 和蓝光播放器时，你可能注意到很多产品提供各种版本的杜比 Pro Logic 支持。最初的杜比 Pro Logic 是一个四声道解码格式，包含 3 个前置声道和 1 个后置环绕。现代的 Pro Logic 系列包括 Pro Logic Ⅱ、Pro Logic Ⅱx 和 Pro Logic Ⅱz。

Pro Logic Ⅱ使用与原始 Pro Logic 相同的矩阵四声道音频，可以由立体声音源创建一个 5.1 环绕声。此外，与原始 Pro Logic 的双声道呈现方式不同，Pro Logic Ⅱ还具有将环绕信号分离成立体声信号的能力。当观看只有立体声的非高清电视频道时，经常使用这种处理模式。如果你的视频源包含 5.1 环绕声，并且你的家庭影院系统支持额外的音箱，Pro Logic Ⅱx 可以将混音扩展到6.1或7.1。Pro Logic Ⅱx 具有电影、音乐和游戏等不同模式。Pro Logic Ⅱz 添加了2个前高音箱，在主音箱之上的中间位置。这种矩阵处理旨在为音轨增加更多深度和空间感。其与7.1声道的音轨结合时，产生的格式可以称为9.1。这里需要指出的是，Pro Logic Ⅱz 虽然增加了高度通道，但并不能实现真正的三维声音定位。

1.4.6 Audyssey DSX

奥德赛（Audyssey）是一家以自动校准软件而闻名的公司，该软件被广泛应用于许多现代音视频播放设备中。该公司还推出了自己的环绕声解决方案，即 Audyssey DSX。DSX 通过对原本的5.1和7.1环绕声进行上混，来增加额外的声道。通过在7.1系统中添加前宽和前高通道，Audyssey 可以提供11.1声道的环绕声。

此外，Audyssey DSX 2 还可以将立体声信号上混为环绕声。然而，近年来随着杜比 Atmos 和 DTS:X 等基于对象的3D格式的兴起（见下文），Audyssey 的受欢迎程度有所下降。

1.4.7 基于对象的环绕声

最新的环绕声技术被称为基于对象的环绕声或3D环绕声，这也是本书在后面的有关菁彩声的章节中将会重点讨论的内容。对于观众来说，3D是对这种技术的最佳描述，因为它能够使声音听起来好像在空间中移动。例如，你可能会听到一架直升机从面前起飞，悬停在头顶上方，然后在身后渐渐消失。

另一方面，“基于对象”同时是3D声音的制作方式，工程师在混音时，实际上是定义了某个声音对象在整个空间中的位置。

这种3D音效体验是通过在听众头顶悬挂音箱来实现的。这些通道不再需要像 Pro Logic Ⅱz 那样，从发送到其他音箱的音频中推断或解码信号，它们被赋予了自己的名称。如一个5.1.2系统包括传统的五声道和1个低音炮，还有头顶上2个额外的音箱，以提供立体声的高度信息。5.1.4系统在5.1系统的基础上增加了4个额外的高度声道，包括2个在前面和2个在后面，以此类推。

1.4.8　杜比 Atmos

在写作本书时，杜比依然是目前领先的基于对象的环绕声技术提供商。消费端的杜比 Atmos 于 2015 年首次推出，但其功能有限。如前文所说，消费端的 Atmos 最常见的配置是 5.1.2 或 5.1.4，分别在传统的 5.1 基础上添加了 2 个或 4 个顶置音箱，该格式同时支持 7.1.2 或 7.1.4 等更高的配置。Atmos 一经推出便迅速赢得了人们的喜爱，现在有大量的消费端播放设备，甚至是一些廉价的设备都开始支持这种格式。

2015 年，雅马哈公司推出了第一款支持 Atmos 的音响——YSP-5600，该音响利用向上发声的驱动单元将声音反射到天花板上。从那时起，音响制造商广泛采用了杜比 Atmos 技术。一些音响系统通过专用的无线环绕音箱实现 Atmos 效果，这些音箱配备有向上发声的驱动器，以对前置音箱进行补充。另一些厂家则借助虚拟渲染的杜比 Atmos，用更少的音箱有效地模拟 Atmos 效果。

自 2015 年首次推出以来，杜比 Atmos 在家庭影院中的可用性迅速增加，现在大多数高端播放设备都支持这种格式，一些音响和电视甚至声称其内置音箱支持杜比 Atmos，尽管真正的 Atmos 体验需要多个声道。在手机等一些移动设备中，我们也可以通过耳机渲染(双耳)的方式体验 Atmos 音效。

然而，完整的杜比 Atmos 设置需要家庭影院系统，即从声源到音箱等所有组件的支持。要充分体验 Atmos 音效，必须按照官方的建议来进行配置。杜比实验室也与主要的音乐唱片公司和流媒体服务合作，将杜比 Atmos 技术融入音乐制作中。专业的音乐制作人利用与电影声音制作相同的基于对象的 3D 音频工具，能够创造出超越传统立体声或四声道音效的沉浸式音乐体验。亚马逊音乐高清(High Definition, HD)成为第一个提供杜比 Atmos 曲目的音乐流媒体服务商，但此服务只能在亚马逊的 3D 智能音箱(Echo Studio)上享受。苹果音乐也与杜比合作，在平台上引入 Atmos，并可以通过耳机进行渲染。同时，苹果的专业音乐制作工具 Logic Pro X 也开放了 Atmos 制作的功能。同时，在俱乐部、舞厅等场馆中，杜比 Atmos 音乐被用来为现场表演和舞池打造沉浸式音效体验。此外，索尼公司也拥有自己的 3D 沉浸式音乐格式，称为索尼 360 Reality Audio，这种音乐格式也可在一些流媒体上使用，但目前能够播放它的设备数量有限。

1.4.9 DTS:X

DTS同样于2015年推出自己的基于对象的音频形式，称为DTS:X。与杜比Atmos不同，DTS:X的目标是更加多样化以及更低的使用门槛，其可以利用影院中现有的音箱设置，并支持家庭影院中多达32个音箱的配置。相较于杜比Atmos，DTS:X在播放设备中较晚获得支持，且在流媒体领域并未大规模普及。它的主要用户依然集中在电影行业。

根据DTX对北美市场的研究，现实中只有不到一半的家庭用户拥有环绕音箱，而这些人中仅30%拥有顶置(高度)音箱，因此不是每个用户都有足够的空间或资源来创建基于对象的音频设置。为了解决这个问题，DTS推出了DTS Virtual:X，即使只有两个音箱，它也可利用数字信号处理(Digital Signal Processing，DSP)技术来提供与传统DTS:X系统相同的空间效果。这项技术最初是在音箱中推出的，像天龙(Denon)和马兰士(Marantz)这样的公司已经将DTS Virtual:X整合到他们的设备中，而索尼也推出了自己的虚拟环绕音箱，可以播放DTS:X和Atmos的音轨。从技术上讲，虚拟化的杜比Atmos和DTS Virtual:X有相似之处，然而，杜比Atmos不会对在设备配置上进行区分。他们认为Atmos就是Atmos，无论是通过2个、3个、5个通道还是通过5.1.2或更多音箱系统产生的声音都被称作Atmos。

1.4.10 Auro-3D、MPEG-H及其他

Auro-3D是在DTS:X和Atmos推出之前出现的，最早在2006年开始用于影院，直到Denon和Marantz等公司推出固件升级后，才开始在家庭影院系统中使用。

尽管Auro-3D与Dolby Atmos有相似之处，但Auro-3D是通过三级音箱系统创建沉浸式音效体验的，即在传统的单层环绕声上方再加一层环绕声，并配合一个顶置声道，大幅提升了体验感。为了充分体验这种分层声音，建议的最小设置为9.1，而大型的设置可能达到26.1的规模。这使得它成为家庭影院中最昂贵的设置。由于依赖于单一的顶置声道，Auro-3D的音箱配置可能无法与Dolby Atmos音效兼容。Auro-3D在北美市场未获得广泛认可，但在欧洲和日本市场有着较好的表现。

MPEG-H是一套音频和视频标准，其关键组成部分是对3D音频的支

持。与杜比 Atmos 类似,它使开发人员能够将大量音频对象放置在三维空间中,还赋予用户操纵单个声音对象的能力。该标准主要面向广播电视行业,在巴西、韩国等地的广播中被采用,在 Marantz 等品牌的家庭影院产品中也可以找到它的身影。随着该标准在广播领域,特别是在直播电视中流行,它可能会受到更多人的关注。

1.4.11　IMAX Enhanced

爱麦克斯增强项目(IMAX Enhanced)是家庭影院环绕声中较新的标准,因以视觉增强和在家庭影院中模仿 IMAX 标志性音效(IMAX Signature Sound)为目标而闻名。其视觉增强使观众能在家中观看类似影院中的 IMAX 效果。它使用了 DTS:X 编解码器来实现深沉的低音,类似于 IMAX 影院的音质。然而,这仍然是一个新的标准,在未来几年内可能不会对家庭影院产生很大的影响。值得注意的是,并非所有声称是 IMAX Enhanced 的内容都具有 DTS:X 音频改进,很多都是仅有视觉上的优化。

如今,创建具有工作室音质的家庭影院系统比以往任何时候都更加容易。随着 3D 声音技术的发展以及专用音箱及耳机渲染的普及,三维声在不久的将来可能会成为视频或音乐的标准格式。

第2章

菁彩声概述

2.1 菁彩声的发展背景

在第 1 章中我们已经简述了音频技术的发展史。近年来，随着超高清技术（高分辨率、高帧率、高色深、宽色域、高动态范围、三维声）的不断演进，音视频体验的“真实感”“沉浸感”得以不断提升。其中三维声技术是整个超高清体验的重要组成部分，其在平面声场的基础上，通过增加垂直方位的声场，精准定位空间中的每个声音，使声场更接近真实世界，从而带来沉浸式的感受，给观众带来更具感染力、临场感、个性化的交互体验。

三维声的发展进步需要从产业发展角度来看。近年来音频产业的提速得益于视频产业的大幅度发展，视频与音频的配套从标清电视与立体声音频、高清电视与环绕声音频发展到超高清电视与三维声沉浸式音频。而目前，电视声音仍以单声道和立体声为主，相比于视频产业的发展处于落后态势，并且缺乏统一、完整的端到端的三维声标准。

在视频方面，视频技术历经了由模拟标清向数字标清、数字高清的演进，正在迈向超高清（4K/8K）时代。超高清视频以其强劲的信息承载能力和应用价值，为用户提供更清晰的视频画面、更广阔的视野、更逼真的色彩、更流畅的画面以及更具临场感的视听体验。除广播电视和文化娱乐行业外，超高清技术也被应用于安防监控、医疗影像等领域，医生、工程师等专业人士可利用超高清技术呈现具有“临场感”的影像，更快、更准、更有效率地完成作业。2020 年，世界超高清视频产业联盟发布了高动态范围的视频技术标准菁彩影像（HDR

Vivid)，这一标准的发布和推广，让广大用户能够在实际生活中轻松体验到最新的视频技术。

只有音频技术同步提升和配合，高质量的视频才能真正为用户带来极致的视听体验，而三维声作为超高清视频的重要组成部分，面临的问题比较复杂。一方面，三维声技术方案研发周期长、门槛高，涉及内容制作、编解码、渲染、传输等多个环节；另一方面，国内市场的成熟度、知识产权政策的完备性和运营模式等均难以与杜比、MPEG - H 等国外技术标准相提并论。因此三维声技术的研究与推广具有重要的经济和社会效应，需要抓住发展机遇，提升音频表现力，快速追赶国际先进水平，同时也加快满足人们对高质量音频内容的需求，进而促进产业发展。

为了快速推动超高清音视频产业发展，提升超高清音视频关键技术标准的影响力，世界超高清产业联盟（UHD World Association，UWA）牵头，协同数字音视频编解码技术（Audio Video Coding Standard，AVS）标准工作组，结合端到端的生态环境，成功发布了菁彩声（Audio Vivid）技术团体标准。对比业界现有的三维声技术，菁彩声技术标准的目标是面向全球，保证技术先进性，其作为更加开放的、符合产业安全要求的技术标准和方案，对超高清产业生态较为友好，更加适合各方进行端到端的产业部署。

2.2 菁彩声的技术特点简介

2.2.1 技术原理和特性

菁彩声针对不同的信号类型采用不同的技术工具进行编解码，支持声道信号编码、对象信号编码、高阶 Ambisonics（High Order Ambisonics，HOA）信号编码、元数据编码，去除了很多的信息冗余，从而保障了更加流畅的渲染。更高的编码效率，让菁彩声能够将大面积或大体积声音，还原得更自然，更具真实表现力：

（1）采用多声道编码技术，去除多声道信号间的信息冗余；

（2）采用 HOA 空间编码技术，去除 HOA 各声道信号间的空间几何信息冗余；

（3）采用基于心理声学模型的预处理和基于 AI 的量化、熵编码技术，去除单声道音频信号、下混音频信号和对象音频信号中的信息冗余，最终通过音箱或耳机完成最终渲染和输出。

菁彩声技术作为全球领先的超高清音视频技术之一，具备以下关键技术特性：

(1) 既支持多声道声床，如单声道、立体声、环绕声以及包含天空音的三维声，也支持三维声的特有的音频对象和 Ambisonic 声场信号；

(2) 既支持有损音频编解码方案，也支持无损音频编解码方案；

(3) 在输出方面同时支持音箱和双耳两种渲染方式；

(4) 支持三自由度(3DoF)音频呈现；

(5) 支持 HOA 空间编码工具，大幅提升 HOA 信号的编码效率；

(6) 解码器复杂度与业界标杆方案相当；

(7) 支持 16 个声道的音频编解码(HOA 最大支持到 3 阶)；

(8) 采样率支持 32～192 kHz；

(9) 量化精度支持 16 bit 和 24 bit；

(10) 编码速率支持 32 kbit/s～1.6 Mbit/s；

(11) 端到端编解码时延小于 80 ms(典型场景)；

(12) 最大支持 7 阶 HOA 双耳渲染，支持 128 轨音频实时渲染；

(13) 双耳渲染时延小于 40 ms(典型场景)。

2.2.2 菁彩声技术框架

1. 编码技术框架

菁彩声音频编码系统支持声道信号编码、对象信号编码、HOA 信号编码、元数据编码。编码器由多种编码工具构成，如图 2.1 所示，包括通用全码率音频编码工具、无损音频编码工具和元数据编码工具。

针对不同的音频信号或不同的应用场景，用户可以根据输入类型和码率范围，选择使用通用全码率音频编码工具、无损音频编码工具和元数据编码工具。

注意：通用全码率音频编码工具和无损音频编码工具只能二选一，但都可以与元数据编码工具配合使用。音频编码既支持声道信号、对象信号和 HOA 信号的单独编码，也支持“声道＋对象”、“HOA＋对象”等的混合编码。编码后复用得到三维声编码位流。

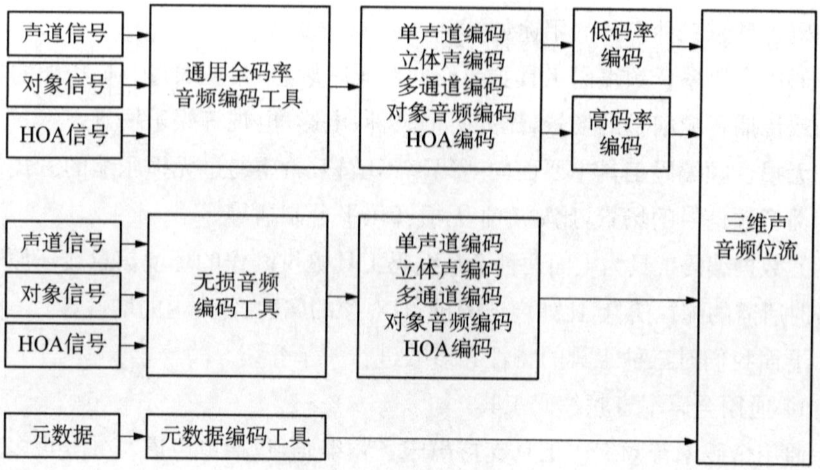

图 2.1 菁彩声编码框架

2. 解码技术框架

菁彩声解码是编码的逆过程，通用全码率音频解码或无损音频解码得到声道信号、对象信号和 HOA 信号，通过元数据解码恢复元数据信息。根据不同的终端回放环境，可选择①采用音箱渲染得到对应音箱布局的信号，用于音箱播放，或者②采用双耳渲染得到左右两路信号，用于耳机播放。菁彩声解码和渲染框架见图 2.2。

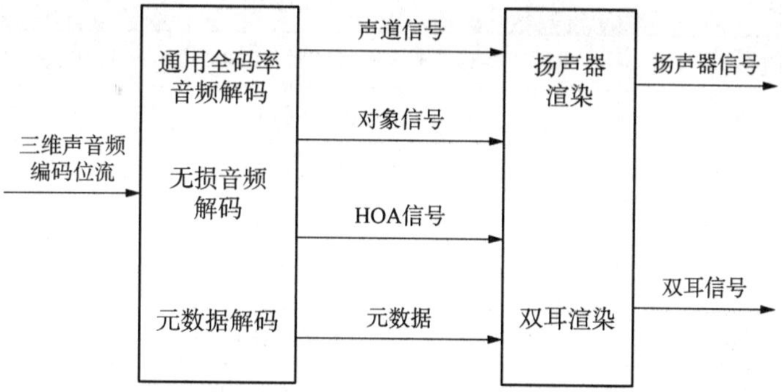

图 2.2 菁彩声解码及渲染框架

2.2.3 编解码

1. 三种编码工具

菁彩声编码工具包括通用全码率音频编码工具、无损音频编码工具和元数据编码工具。三种工具的用途如下：

通用全码率音频编码工具主要面向对码率敏感，希望通过有损压缩的方式传输或传播音频信号的场景，比如听书软件、电影、电视等娱乐场景。

无损音频编码工具主要面向对码率不敏感，希望通过无损压缩的方式传输或传播音频信号的场景，比如专业无损音乐平台制播等。

元数据编码工具为上面两种音频编码工具提供制作的环境信息或还原音频信号时所需的配置信息，比如声道的排布、对象的属性、各声道的增益等。

下面我们对三种工具的特性和参数进行一一介绍。

1) 通用全码率音频编码工具

通用全码率音频编码工具支持声床音频编码（包括单声道、立体声、多声道等）、对象音频编码、HOA 编码、混合音频编码（如“声床＋对象”“HOA＋对象”）等。该编码工具支持的参数如下：

(1) 采样率：32～192 kHz，优选 48 kHz；

(2) 支持 16 bit 和 24 bit 采样精度，优选 16 bit；

(3) 最多支持 128 个声道；

(4) 各类音频格式支持的输出位流码率见表 2.1。

表 2.1　各类音频格式支持的输出位流码率

格式	支持的输出位流码率(kb/s)
单声道/对象	32、44、56、64、72、80、96、128、144、164、192
立体声	32、48、64、80、96、128、144、192、256、320
5.1 多声道	96、128、144、160、192、256、320、384、448、512、640、720
7.1 多声道	128、160、192、256、384、480、576、640
5.1.4 三维声	176、256、384、448、576、704
7.1.4 三维声	240、384、512、608、832
FOA	96、128、192、256
2 阶 HOA	192、256、320、384、480、512、640
3 阶 HOA	256、320、384、512、640、896

注：以上立体声、多声道、三维声信号和单声道/对象信号码率的多种组合称为“声床＋对象”混合信号。此外，128 声道为声床的声道数与对象声道数的和。每个对象都按 1 个声道进行编码。目前受限于现有终端解码还原能力，实际支持的声道数和对象数之和可能达不到 128。

2）无损音频编码工具

支持最多 128 个声道、任意采样频率，并支持 8 bit、16 bit 和 24 bit 采样精度。

3）元数据编码工具

菁彩声支持 ITU－R BS. 2076 标准中规定的元数据，并对部分元素和属性进行了进一步限定，以便用于后续编码，如将 audioProgrammeName 的长度规定为 32 个字节以内。此外，也支持后续根据实际应用需求对元数据的进一步扩展。

元数据编码采用标量量化，根据取值范围确定量化步长和量化偏置，经过均匀量化后得到元数据编码位流，与音频编码位流一起复用为三维声编码位流。

2. 通用全码率音频编解码工具框架流程

1）编码器架构

通用全码率音频编码器包括核心编码和 HOA 空间编码。核心编码由编码预处理、下混和神经网络变换与量化区间编码组成。编码预处理将声道信号从时域转换为频域进行预处理，包括暂态检测、窗型判断、改进离散余弦变换(Modified Discrete Cosine Transform，MDCT)、频域噪声整形、时域噪声整形、频带扩展编码；下混将编码预处理后的频域信号进行下混，去除声道间的相关性，包括双声道立体声下混、多声道下混、HOA 下混；神经网络变换与量化区间编码基于神经网络，对下混后的信号进行变换、量化和编码，最终得到二进制位流。HOA 信号经过 HOA 空间编码后，再通过核心编码得到二进制位流。编码后的位流和元数据位流复用后得到最终的编码位流。图 2.3 为通用全码率音频编码器框架示意图。

2）解码器架构

通用全码率音频解码器的基本架构如图 2.4 所示。模块功能包括位流解复用模块、核心解码模块以及 HOA 空间解码模块。其中，位流解复用模块将音频流解复用，得到纯音频编码信号和元数据信号；核心解码模块将解复用得到的信号，包括声床信号(包括单声道信号、双声道立体声信号、多声道信号)、对象信号和 HOA 信号，通过神经网络逆变换、逆量化、区间解码、上混再加后续的频带扩展解码、逆时域噪声整形、逆频域噪声整形、逆时频变换等处理，还原为未压缩的声道信号；HOA 空间解码模块主要用于 HOA 解码，核心解码后

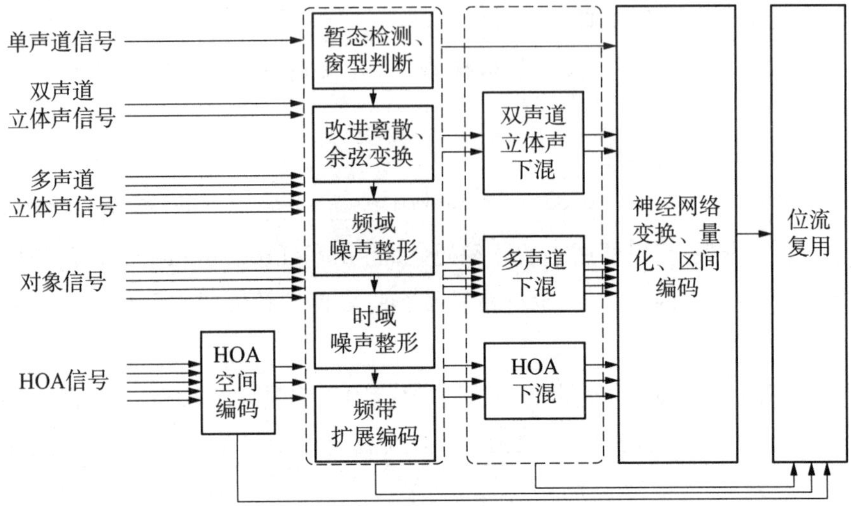

图 2.3 通用全码率音频编码器框架示意图

的信号需要再经过 HOA 空间解码才能得到 HOA 信号。非 HOA 信号应跳过这一个模块;需要说明的是,解复用后的元数据将根据需要参与到核心解码和 HOA 空间解码的各个环节中。如果想具体了解,可以参阅《三维声音技术规范第 1 部分:编码分发与呈现》(T/UWA 009.1－2022)。另外这里没有将渲染包括进来,因为渲染属于单独的模块。标准对解码方式有明确的规定,但是对渲染方式只给出了参考方案,没有标准要求。

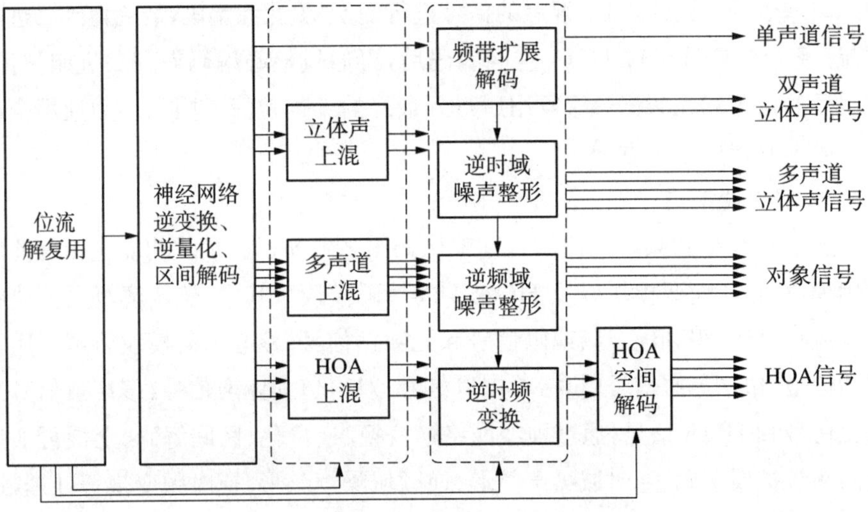

图 2.4 通用全码率音频解码器框架示意图

3）编解码流程

通用全码率音频解码是编码的逆过程。通用全码率音频编码流程为编码预处理、各模式信号下混、神经网络变换与量化区间编码以及元数据编码。编码预处理将每个声道信号由时域变换到频域并进行预处理。信号下混根据不同编码模式对预处理后的频域信号进行下混，去除声道间的相关性。神经网络变换与量化区间编码采用神经网络对每个下混后的声道信号进行变换和编码。元数据编码按照元数据结构，根据每个元数据的量化规范对元数据进行量化编码。

2.2.4　编解码关键技术

相比于其他同类音频技术，菁彩声具备以下关键技术。

1. 暂态信号检测

暂态信号检测模块根据输入时域信号的能量判断当前帧是否存在暂态信号，窗型判断模块根据暂态信号检测结果获得当前帧的窗型控制参数。一帧音频信号包含 1 024 个样点，一般需要通过加窗将信号分为多个数据块，然后对每个数据块单独处理。首先对输入的音频信号进行暂态检测，判断当前信号是暂态信号还是稳态信号；然后对暂态信号加短窗以保证较好的时域分辨率，对稳态信号加长窗以保证较好的频域分辨率。

2. 噪声整形

音频信号中的暂态信号从时域变换到频域后，存在大量的高频细节分量，量化时会产生噪声，经过反量化和反变换处理后噪声会扩散，有部分噪声不能被掩蔽掉，会产生预回声和后回声现象，影响声音质量。

时域噪声整形(Temporal Noise Shaping，TNS)指的是在频域内对信号进行预测编码，解码端通过调节量化噪声的时域形状来适应输入信号的时域形状，利用声音信号的掩蔽特性，将量化噪声用有用信号掩蔽掉。菁彩声将整个 MDCT 频谱划分为两个滤波器，分别覆盖(660 Hz，5 400 Hz)和(5 400 Hz，20 000 Hz)，通过采用两个可选频段的 TNS 滤波器实现时域噪声整形。TNS 滤波器使用的参数为反射系数(最大阶数为 8)，是线性预测编码参数(Linear Predictive Coding Parameters，LPC)，线性谱频率(Linear Spectral Frequencies，LSF)等参数的等价表示。在 TNS 滤波器对应的频率范围内，对 MDCT 频谱进行基于反射系数的线性预测分析滤波，所得结果为经 TNS 处理后的 MDCT

频谱。频域噪声整形(Frequency Domain Noise Shaping, FDNS)通过控制编码过程引入的量化噪声在频域上的分布情况,并利用人耳听觉掩蔽效应,减少可感知的量化噪声,提升编码质量。菁彩声的频域噪声整形算法为基于LPC参数的MDCT频谱整形技术,包括信号预加重、自相关系数计算、LPC参数求解、LPC转换为LSF、LSF参数量化编码、频谱整形等处理。

3. 频带扩展

频带扩展利用MDCT频谱高低频之间的相关性,在解码端根据解码所得核心带频谱,重建原始信号的高频带频谱,在节省编码带宽的同时又能恢复高频细节特征。

菁彩声中频带扩展算法在编码端计算每个高频频带的MDCT频谱能量,并将其作为频带扩展的高频子带包络参数。根据源频率区域和目标频率区域的频谱特征,确定高频白化等级。解码端根据高频子带包络参数和白化等级恢复出高频频谱。

4. 神经网络变换与熵编码

为了有效提升编码效率,菁彩声采用了基于神经网络的变换和熵编码技术。首先利用基础编码神经网络将MDCT信号转换为隐特征信号,再对隐特征信号做量化和熵编码。生成隐特征信号是为了获得更利于高效熵编码的特征。隐特征在做熵编码前首先进行标量量化。标量量化的量阶大小由目标编码码率控制。标量量化后的隐特征信号被送入基于神经网络的熵编码模块。熵编码模块利用上下文编码神经网络,生成待编码隐特征信号的上下文,再根据该上下文选择对应的码书对隐特征信号进行熵编码。两个深度神经网络是联合训练的,能够在最小化信息熵的约束下联合寻找待编码特征、上下文和各码书之间的关系,充分利用了深度神经网络强大的抽象能力。两个深度神经网络在编码端和解码端采用了非对称的设计,即编码端采用较大的神经网络保证较高的压缩效率,而解码端采用较小的神经网络以降低成本。

基础编码神经网络输入的是长度为1024的MDCT频谱,经神经网络变换后,得到的变换系数为16通道,每个通道64维。上下文编码神经网络输入的是16通道,每个通道64维的变换系数,经神经网络变换后,得到的上下文编码神经网络的变换系数为16通道,每个通道16维。

5. HOA空间编码

一个m阶的HOA信号,通常具有$(m+1)^2$个音频通道,如三阶HOA信号具有 16 个音频通道。HOA 信号也可以看作一种多声道音频信号,可采用多声道编码的方式直接进行压缩,但需要压缩的数据量随着阶数的增长显著提升。为了进一步降低分配到多声道核心编码器的音频信号之间的相关性,菁彩声采用 HOA 空间编码,将 HOA 音频通道信号转化到一系列虚拟音箱信号中,以降低冗余,提高编码效率。

HOA 空间编码技术假设待编码 HOA 信号的周围分布了若干虚拟音箱,如图 2.5 所示。待编码的 HOA 信号可以由少数虚拟音箱信号的 HOA 表达来近似,原始 HOA 信号和该近似表达信号的差值为残差信号,编码时只需要对少数虚拟音箱信号的 HOA 表达和残差信号进行编码。少数虚拟音箱信号的 HOA 表达可以进一步分解为虚拟音箱 HOA 系数矩阵与虚拟音箱信号向量。HOA 系数矩阵编码只需将虚拟音箱的位置信息作为边信息编码。虚拟音箱信号由待编码 HOA 信号在选定的少数虚拟音箱上的投影确定。

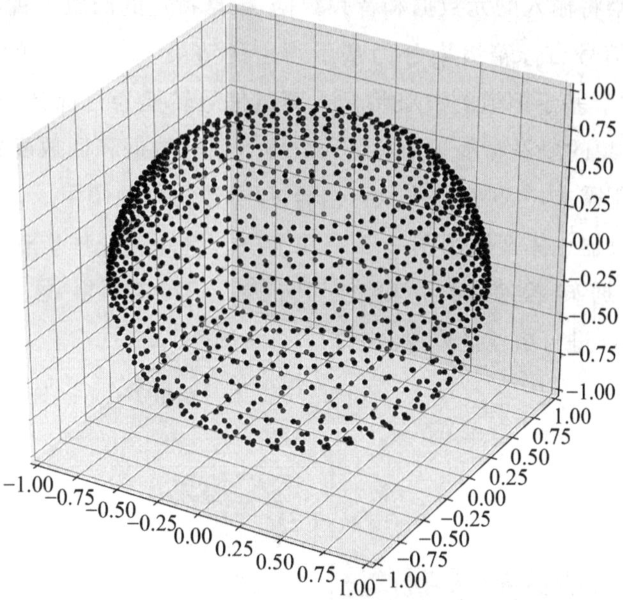

图 2.5　虚拟音箱非均匀分布示意图

由于少数虚拟音箱的数量远小于待编码 HOA 信号的通道数,残差信号可以用相对较少的比特编码,虚拟音箱位置边信息的数据量又很小,因而编码效率大幅提升。

2.2.5 渲染方案

菁彩声渲染器既能够支持音箱渲染，又能够支持双耳渲染。可用于制作端音频内容制作、终端渲染回放，还可用于直接解析 ITU - R BS. 2076 ADM 元数据，也可解析第三方的元数据。在音频评估、制作和监听期间，为音频定义模型（Audio Definition Model，ADM）元数据解析提供一个开放的参考渲染器，将有利于音频内容生态系统的整体健康。应用和处理元数据和相关音频数据要体现以下原则，第一，正确处理与响度相关的元数据，保持目标响度；第二，保留艺术意图，如正确应用传输的上混、下混矩阵；第三，适当地呈现对象的空间属性（位置、空间范围等）；第四，正确处理漫反射、发散角的方位和距离，并排除扇区元数据；第五，正确处理高优先级的音频对象。

1. 音箱渲染

音箱渲染将输入的元数据和音频数据，根据特定的回放配置，渲染出用于回放的音频信号。音箱渲染分为基于声道的渲染、基于对象的渲染和基于 HOA 的渲染。基于声道的渲染将输入声道信号转换为目标音箱布局所需的信号，基于对象的渲染和基于 HOA 的渲染利用元数据和回放配置进行渲染。根据实际应用需求，三种渲染方式可组合使用，也可单独使用。

音箱渲染器总体架构由图 2.6 中几个核心组件和处理步骤组成，主要将 ADM 元数据转换为可渲染的 TypeMetadata 并根据用于渲染的 TypeMetadata 进行增益计算等。

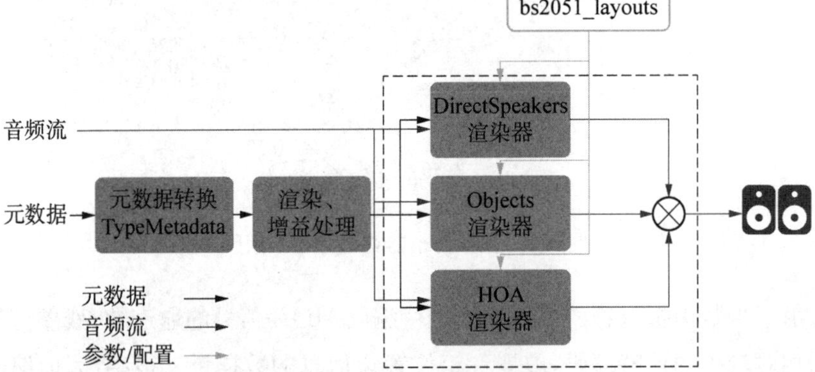

图 2.6 基于音箱输出的渲染器总体构架

根据 TypeMetadata 的 TypeDefinition，渲染过程分为：基于对象的渲染，基于声道的渲染，以及基于 HOA 的渲染。

1）基于对象的渲染

基于对象的渲染根据输入的对象信号和对应的元数据，实现屏幕缩放、屏边锁定、声道锁定、发散、声像扩展、排除下混区域等处理，具体来说利用基于矢量的振幅定位技术（Vector Based Amplitude Panning，VBAP），通过计算 3 个音箱的位置向量得到虚拟声源的位置。假设声源和 3 个音箱位于同一个球面上，将 3 个音箱的位置向量视为基向量，虚拟声源的位置由它们的线性组合得到。基于对象的渲染原理如图 2.7 所示。

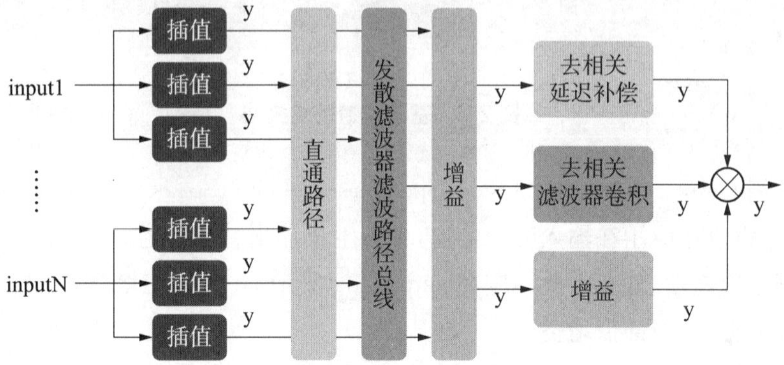

图 2.7 基于对象的渲染

在请求通过接口输出音频数据和元数据的情况下，可绕过漫反射处理直接提供音频数据和元数据的输入。元数据以 objectsTypeMetadata 对象的形式输入渲染器；通过元数据预处理模块的处理，经过 objects_gains 计算，获得基于对象内容的元数据和音频数据，当请求接口输出数据时，这些元素将被启用以进行播放。

2）基于声道的渲染

基于声道的渲染根据输入声道的位置，结合目标音箱布局，确定每个声道信号的增益。若输入声道数与输出声道数不相等，则采用点声源定位，由实际音箱虚拟出对应的输出位置。点声源定位通过由三个音箱组成的球形三角形区域来实现，其通过基本的 VBAP 来获得虚拟音箱的位置。当输入为 5.1 声道且目标音箱布局中音箱个数小于 3 时，采用立体声下混方式，将 5.1 声道信号下混为立体声信号。基于声道 DirectSpeakers 的渲染原理如图 2.8 所示：

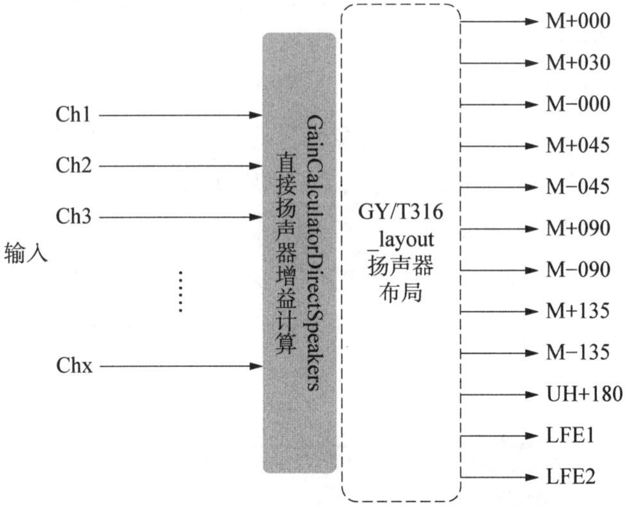

图 2.8 基于声道的渲染

使用 Gain_calculator_Direct_Speakers 为 DirectSpeakers 声道计算增益时,增益将直接应用在输入音频信道,直接生成输出音频信道。DirectSpeakers 元数据不应是动态的,因此不应在 audioBlockFormat 内插值增益,但如果用户更改元数据,则应插值增益。

进行增益计算时,输入的声道数与回放的输出音箱声道数无关,无论输入声道数与输出声道数是否相等,渲染器按 BS. 2051 的输出声道数进行渲染。当输入的 DirectSpeakers 数量少于输出声道数的时候,会发生上混的增益计算,当输入的 DirectSpeakers 数量多于输出声道数的时候,会计算出下混的增益。对于基于矩阵的音频类型,因基本信号为中间和侧面的两个声道,故一般对侧面信号进行上混。

3) 基于 HOA 的渲染

基于 HOA 的渲染通常通过全向空间解码器(All-Round Ambisonic Decoder, AllRAD),计算出每一 HOA 轨道对应音箱的增益值,将多轨 HOA 信号输出给独立的音箱。通过 AllRAD 的矩阵,将 HOA 信号分解为均匀分布在球体上的虚拟音箱,并在实际音箱上通过点声源定位生成虚拟音箱信号。基于 HOA 的渲染原理如图 2.9 所示。

渲染器选定基于 AllRAD 算法的 HOA 解码方法。通过 HOA 的解码器 D 计算出每一个 HOA 轨道给每一个音箱的增益值 HOAnspN_gain;将多轨

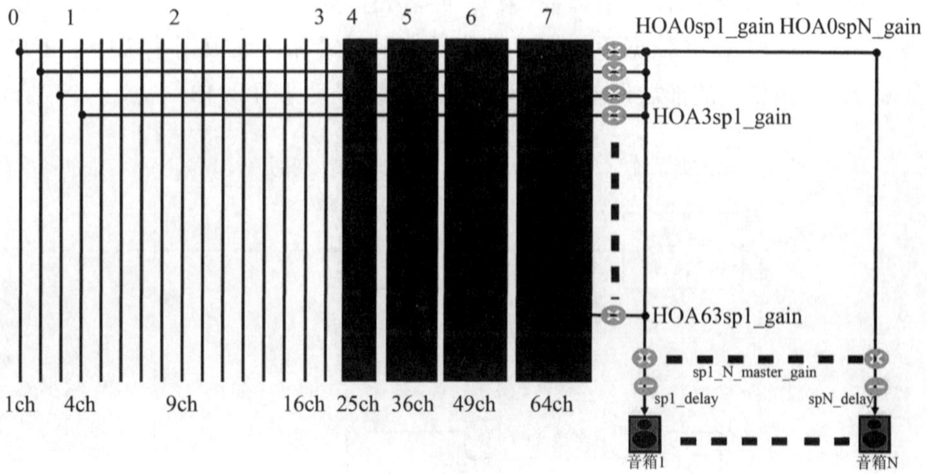

图 2.9 基于 HOA 的渲染

HOA 信号输出给独立的音箱。将 Gain_calculator_HOA 为 HOA 声道计算的解码矩阵 ***D*** 直接应用于输入音频信道，以产生输出音频信道。与 DirectSpeakers 一样，HOA 元数据不应是动态的（即每个 audioChannelFormat 中应有一个 audioBlockFormat），因此不应在块内增益插值，但如果用户更改元数据，则应进行插值增益。在接口开始显示之前，调整接收信号的延迟 spN_delay，使其与常规输出信号具有相同的延迟。HOA 接口和 HOA 渲染器不能不同时运行，即如果请求通过 HOA 接口输出，则 HOA 渲染器的输出应静音，而不再现音频，反之亦然。

2. 双耳渲染

双耳渲染采用基于 Ambisonic 的声场重建技术，通过用球谐函数将输入音频以元数据的形式编码到球谐域，以 Ambisonic 格式作为中间介质信号存储。元数据编码中的空间编码包括声道音频的空间编码和对象音频的空间编码。空间编码时需对声源位置参数进行坐标变换，同时也需要对元数据中的控制参数和用户交互进行响应。由于 HOA 音频本身是 Ambisonic 格式，只需要叠加到中间介质信号上，无须进行空间编码。最后经空间解码后将 Ambisonic 信号输出为双耳音频。

菁彩声使用元数据系统中描述音频内容和渲染技术的控制信息，比如音频载荷的形式是单声道、双声道、多声道，是音频信号还是 HOA 信号，以及动态的声源信息和听者的位置信息，渲染的环境信息，如房屋形状、大小、墙体材质等。核心渲染系统会依据不同的音频信号表示形式和从元数据系统中解析出来的数据，做相应的播放设备和环境渲染。系统框架见图 2.10：

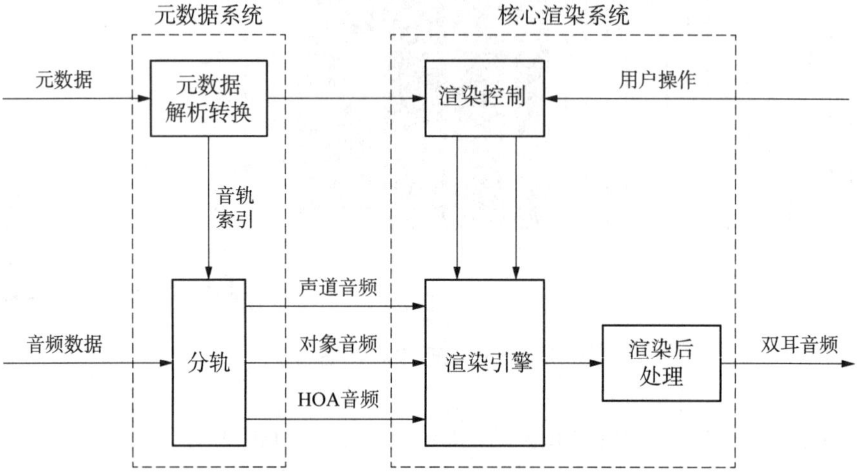

图 2.10 基于双耳输出的渲染器总体框架

处理链路引擎会以块(例如：1 024 个采样点)为单位处理音频数据，应在引擎初始化时决定块的大小并在之后不做更改。在实时处理链路上，应先对元数据进行解析并针对元数据调整场景信息。下面分别对 HOA 信号、对象信号、多声道信号的渲染加以描述。处理链路图如图 2.11 所示。

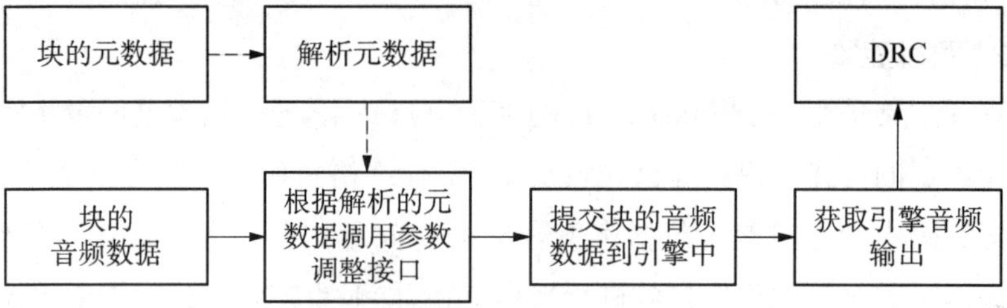

图 2.11 处理链路图

1) HOA 信号的渲染

渲染器目前支持至多 7 阶的 HOA 信号渲染。由于 ADM 中 HOA 信号的声道是分离的并标记了对应的阶(order)和角度(degree)。目前引擎支持

Ambisonics 的声道排布方法(ACN),暂不支持输入 Furse-Malham(FuMa)加权排列的声道,因此其需要在输入前进行 order 和 degree 的转换。对于正则化的方法,引擎支持三维归一化(3D Normalization, N3D)和三维准归一化(3D Semi-Normalization, SN3D)两种正则化方式,FuMa 的正则化则需要预先进行转换。

渲染器支持同时渲染多个 HOA 信号,在进行块的处理时如果有多个通道(channel)有同样的 order 和 degree 时,这两个信号会被混合。

图 2.12 总结了通过双耳回放 HOA 信号的流程。渲染器中自带了一组 1—7 阶的头相关脉冲响应(Head-Related Impulse Response, HRIR)。在渲染过程中,首先通过听者(listener)姿态确定旋转矩阵,并转换 HOA 信号,再针对每个 HOA 的声道和对应的 HRIR 进行卷积。

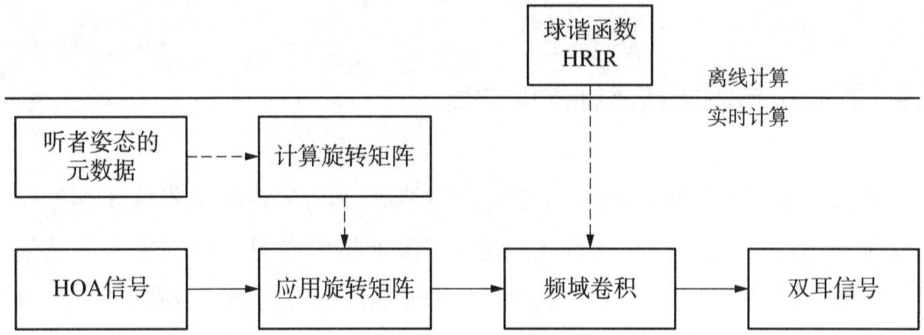

图 2.12　通过双耳回放 HOA 信号

2) 对象信号渲染

渲染器会将对象(object)信号统一编码为 HOA 信号,然后复用 HOA 信号的渲染流程,进行对象信号的双耳化渲染,如图 2.13 所示。

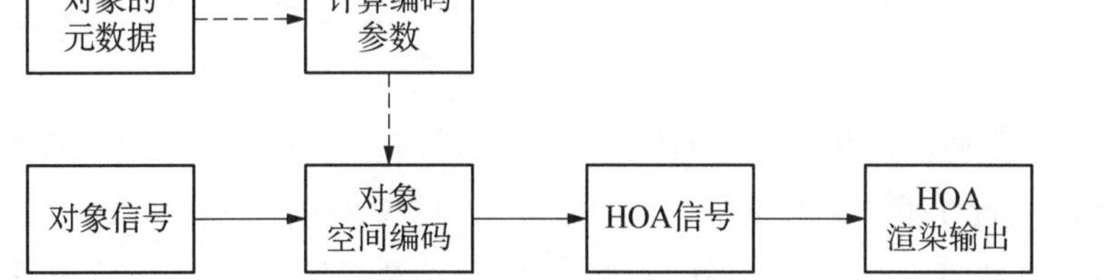

图 2.13　对象信号渲染

3) 多声道信号渲染

多声道信号渲染成双耳信号可以借鉴对象信号的渲染，将多声道信号当作多个对象信号，然后通过 HOA 信号渲染的方法进行双耳回放，如图 2.14 所示。

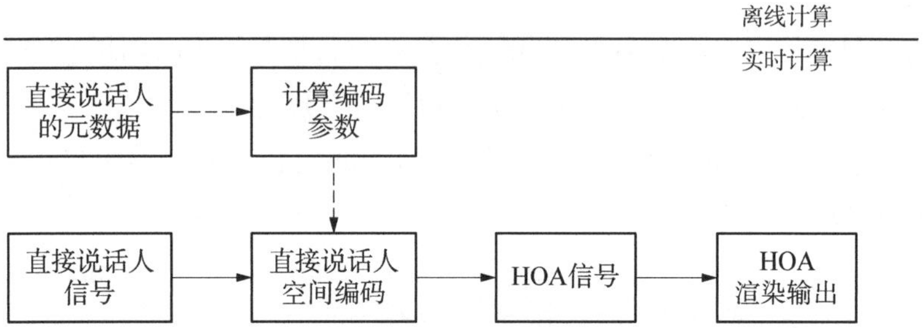

图 2.14 多声道信号渲染

2.3 菁彩声与同类技术标准的对比

菁彩声采用基于神经网络的变换和熵编码、HOA 空间编码等压缩编码技术，可以有效去除三维声信号间的冗余，在保证编码质量的前提下节省传输带宽。此外，通过编码传输特定的元数据，在终端进行音箱渲染或双耳渲染，就可以实现对单个对象的控制和交互，如选择语言、调整音量大小等，从而实现交互化和个性化，极大提升用户的听音体验。随着菁彩声技术标准和生态的进一步完善，用户将在更多的音频场景中感受到三维声带来的“声”临其境的体验。上述技术的创新应用，可在有效的传输带宽下提升终端听音质量。

菁彩声技术标准填补了超高清技术领域音频标准的空白，具备以下亮点：

(1) 国内首套、业界第三套 HOA 空间编码工具，大幅提升 HOA 编码效率；

(2) 业界首次将 AI 技术纳入音频编解码标准；

(3) 支持多 AI 模型的注册和索引(含低复杂度模式)以及更加便利的分析；

(4) 元数据系统兼容业界通用方案，扩展性良好，为业界渲染回放系统提供持续优化的可能性。

菁彩声涵盖了从构建到还原的整个环节，涉及端到端生态，包括内容制作、内容编码、终端解码与渲染等，可在家庭环境、影院环境、个人、AR/VR 以及车载中得以应用。截至目前，菁彩声已经多次在重大事件直播中成功应用。2022 年央视中秋晚会中首次实现了菁彩声技术标准的应用，晚会通过“百城千屏”在全国 70 个城市 270 余块户外超高清公共大屏同步播出，为公众带来一场别开生面的视听盛宴。2022 年卡塔尔世界杯直播采用菁彩声技术标准制作，由咪咕视频、当虹等行业伙伴共同支持。2023 年春晚首次采用“8K 超高清＋菁彩声”直播，同时采用了“百城千屏＋云听”双平台同步直播，给观众呈现了一场无与伦比的沉浸式视听体验。

2.4　应用案例：卡塔尔世界杯菁彩声端到端直播系统搭建及试验

为了加快菁彩声技术标准的应用部署，卡塔尔世界杯期间中央广播电视总台搭建了基于菁彩声技术的广播级端到端直播试验系统，试验系统部署在总台光华路办公区六层音频岛，制作域和传输编码域部署在第十一录音合成机房，家庭展示环境部署在第八录音合成机房三维声审听室。制作域和家庭展示环境的音箱布局均采用符合 GY/T 316—2018 标准的“4＋5＋0”的音箱配置。菁彩声端到端直播试验系统框架见图 2.15。

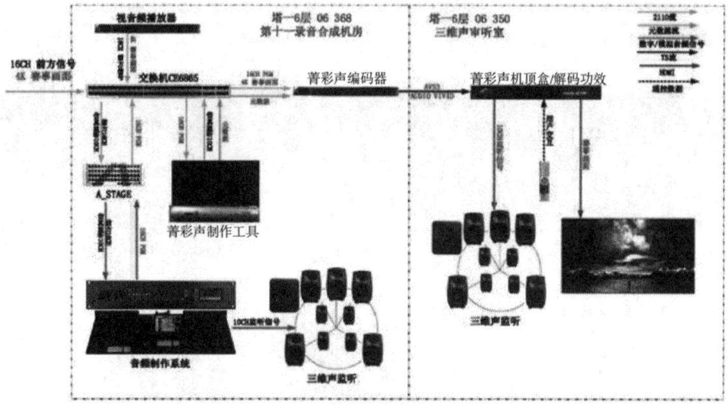

图 2.15　菁彩声端到端直播试验系统框架

主控回传的卡塔尔世界杯赛事音频信号为 10 通道三维声声床信号（3 声道为中文评论）和 6 通道对象信号，对象信号包括 1 通道英文评论信号、1 通道“Close Ball”信号（踢球声）、1 通道“Audio follow Video”（画面声）、1 通道现场广播/音乐和 2 通道球迷声信号。音频信号在音频制作系统中经过声道倒换、电平调整等后，生成为“5.1.4 声床+6 个对象”的 16 通道 PGM 信号，然后通过交换机以 ST 2110－30 的方式分别传输至编码器和菁彩声制作工具。菁彩声制作工具支持 ITU－R BS.2076－2 规定的元数据制作，可对各通道音频信号、交互信号等元数据进行配置，生成的元数据信号使用 HTTP 协议通过交换机传输至编码器。同时，菁彩声制作工具将 16 通道 PGM 信号实时渲染成三维声监听信号，并传输至音频制作系统进行监听。视频信号为 4K 超高清信号，不经过处理直接以 ST 2110－20 的方式传输至编码器。编码器实现 4K 超高清 AVS3 视频实时编码和菁彩声音频实时编码。本次试验中声床信号编码码率为 256 kbit/s，对象信号和元数据编码码率为 192 kbit/s，总的三维声音频编码码率为 448 kbit/s。编码后的音视频码流封装为 TS 流，并以 HTTP 的方式传输至家庭展示环境。

家庭展示环境部署了支持菁彩声解码的机顶盒，机顶盒将音、视频编码信号解复用后分别进行解码。视频解码模块利用第三代数字音视频编解码技术（Audio Video Coding Standard，AVS3）将 4K 超高清视频编码信号解码后，通过 HDMI 传输至 4K 电视显示。音频解码渲染模块利用菁彩声，将三维声编码信号解码为音频信号（声床信号和对象信号）和元数据。该模块同时配置了三维声元数据交互接口，可接收元数据，并给用户提供了交互界面（见图 2.16），将用户使用遥控器调整音量大小等信息生成控制信号，渲染器根据元数据信

图 2.16　菁彩声端到端直播试验交互界面

号、控制信号对音频信号进行实时渲染后，通过机顶盒的模拟音频接口将音频信号送至不同的音箱，在 5.1.4 多音箱环境下实现了个性化的听音体验。

试验中提供了三种听音场景，包括：①标准场景：可实现“解说切换＋球声＋现场扩声”的交互体验；②主客队氛围场景：可实现“解说切换＋不同阵营球迷呐喊声切换＋球声＋现场扩声”的交互体验；③现场氛围场景：可实现“不同阵营球迷呐喊声切换＋球声＋现场扩声”的交互体验。

试验系统实现了基于广播电视直播链路的菁彩声端到端传输，特别是实现了从元数据制作到传输编码再到终端解码渲染的全流程，为今后菁彩声产业链的深化提供了宝贵的经验。

第3章

菁彩声内容制作的准备工作

开始菁彩声的内容制作前，我们需要搭建一个符合菁彩声标准的混音工作室，了解当前三维菁彩声的制作工具花瓣三维声（Petal Vivid）的基本组件和工作原理，并完成软件的安装。

花瓣三维声是一款由华为技术有限公司研发的支持VST3格式并用于菁彩声制作的插件工具，其可与支持VST3的数字音频工作站（Digital Audio Workstation，DAW）搭配使用，进行菁彩声制作。花瓣三维声支持双耳、2.0、5.1至7.1.4音箱布局的三维声渲染导出，且支持导出WAV、ADM及菁彩声标准的MP4（AV3A）格式。

3.1 工作环境与房间声学设置

本节将介绍如何设计一个符合菁彩声标准的混音工作室，尤其是房间大小和监听音箱摆放等方面的要求。该工作室主要适用于音乐制作、影视声音后期制作、游戏声音制作等。本节内容以《三维声音技术规范　第3－5部分：技术要求与测试方法　菁彩声混录棚（V1.0）》（T/UWA 009.3－5—2024）为指导。

3.1.1 房间大小的选择与房间声学

设计任何混音室及工作环境的第一步往往是确定放置音箱阵列的空间的三维尺寸，在设计菁彩声混音室时也是如此。这个空间需要具备一定的长度、宽度和高度，并形成一个三维矩形。在矩形房间中，工作空间的尺寸等于房间尺寸，我们可以通过测量从墙壁到墙壁和从地板到天花板的距离来确定该空间的三维尺寸。然而对于形状不规则的房间，工作空间应该放置在房间内一个近似三维矩形的空间中。当我们考虑一个房间或空间是否适合作为菁彩声工作空间时，首先要确定监听音箱与控制台（监听位置）之间是否保持了足够的距离，以确保声场的稳定性和空间平衡性。表 3.1 是行标 T/CSMPTE 5—2018 中有关混音室空间比例的要求。表 3.2 是我们推荐的音箱之间的最小距离（应至少满足该要求）。

表 3.1　行标 T/CSMPTE 5—2018 中有关混音室空间比例的要求

序号	项目	配置要求		
		A 级	B 级	C 级
1	面积[a](S)	$S \geqslant 30\ \mathrm{m}^2$	$16\ \mathrm{m}^2 \leqslant S < 30\ \mathrm{m}^2$	$10\ \mathrm{m}^2 \leqslant S < 16\ \mathrm{m}^2$
2	房间高度(H)	$H \geqslant 2.8\ \mathrm{m}$	$2.6\ \mathrm{m} \leqslant H < 2.8\ \mathrm{m}$	$2.4\ \mathrm{m} \leqslant H < 2.6\ \mathrm{m}$
3	混响时间($T60$ @500 Hz)	$T60 \geqslant 0.24\ \mathrm{s}$[b]	$0.19\ \mathrm{s} \leqslant T60 < 0.24\ \mathrm{s}$	$0.16\ \mathrm{s} \leqslant T60 < 0.19\ \mathrm{s}$
4	连续稳态噪声	⩽37 dBA	⩽40 dBA	⩽45 dBA
5	计权空气声隔声量[c](R_w+C 或 R_w+C_{tr})[d]	⩾50 dB	⩾45 dB	
6	房间比例[e]	$1.1W/H \leqslant L/H \leqslant 4.5W/H-4$ 且 $L/H<3$，$W/H<3$ L：长，W：宽，H：高 如：房间高度为 2.8 m 时，适宜的房间长度在 3.6 m～8.4 m，房间宽度在 3.3 m～7.6 m，长宽比在 1.1～2.5		

[a]用于家庭影院区域的使用面积。
[b]0.24 s 为适用于 $30\ \mathrm{m}^2 \times 2.8\ \mathrm{m} = 84\ \mathrm{m}^3$ 房间的混响时间，随房间体积的增大，混响时间单调递增。
[c]此值为实验室测量值，是针对分隔家庭影院房间与其他的分户墙，一般而言，只有当共有隔墙面积约为 $10\ \mathrm{m}^2$ 时，现场测量结果与实验室测量结果才有可比性。
[d]C 用于 A 计权粉红噪声的频谱修正量，C_{tr} 用于计权交通噪声的频谱修正量。
[e]为使房间的传输频率特性均匀，避免产生声染色、声共振等声学问题，房间的长宽高宜尽量避免相同或使用简单的整数比，此条所列为适宜的房间长宽高比

表 3.2　推荐的音箱之间最小距离

音箱位置	距离/m
两只侧面环绕音箱之间的最小距离（振膜到振膜）	3

续 表

音箱位置	距离/m
前中置音箱与两只后置环绕音箱中间点之间的距离 （振膜到振膜）	3.5
地板到最低的顶置音箱之间的距离 （地板到振膜）	2.4

值得注意的是，在考虑房间大小的时候我们往往需要留出一些余量。由于最小距离是从音箱振膜到振膜（或从地板到振膜）的距离，我们必须考虑音箱箱体和安装支架的深度。例如，如果顶部音箱支架和箱体的深度为 0.3 m，则需要一个高度为 2.7 m 的工作空间，以满足从地板到音箱振膜的推荐最小距离 2.4 m。如果房间不允许将顶部音箱放置在 2.4 m 或以上的高度，可以通过精准的音箱定位和调校来实现高质量的混音环境。

根据《三维声音技术规范　第 3－5 部分：技术要求与测试方法　菁彩声混录棚（V1.0）》（T/UWA 009.3－5—2024），房间的混响时间应符合 GY/T 5086—2012 标准中的图 4.1.2 所示的文艺类录音室混响时间的规定。背景噪声宜满足 NR20，至少应满足 NR25。计权空气声隔声量 DnT，w 不宜低于 60 dB，至少应满足 55 dB。图 3.1 展示的是工作空间的三视图。

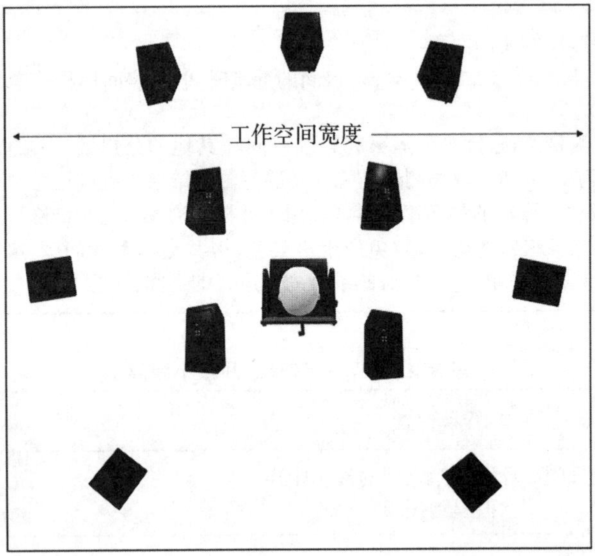

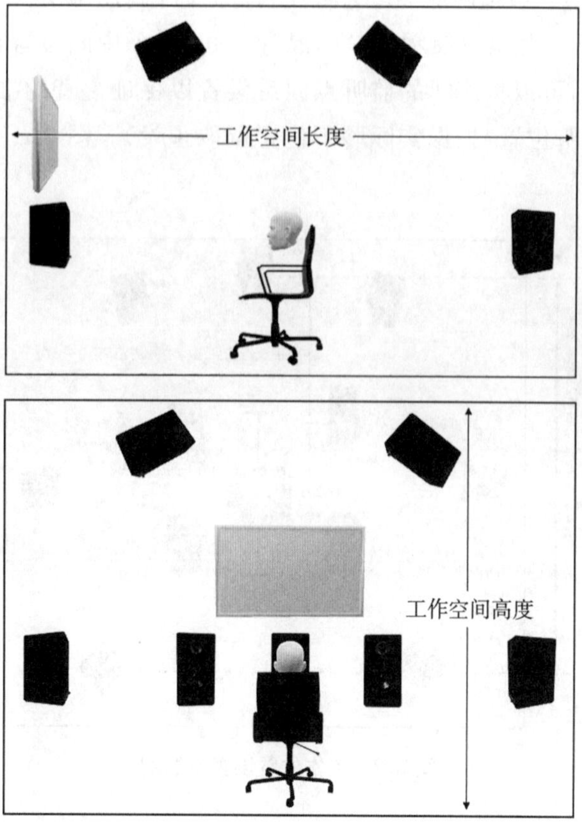

图 3.1 工作空间的俯视图、侧视图和后视图

3.1.2 工作位置的确定

工作(监听)位置是确定混音室内所有监听音箱位置的参考基准,因此确定一个准确的工作位置对于房间设置来说至关重要。简单来说,工作位置就是我们在做混音工作时耳朵所在的位置。通常情况下这个位置位于音箱阵列中心(圆形布局)或者正交布局中校准后的监听位置,两耳高度以离地 1.3 m 左右为准。

为了准确判断对象和声床以及混音时前后关系的平衡性,应参考三维声混音的通常做法,如果将中置音箱的振膜与两个后置环绕音箱振膜相连接,那么工作位置应该位于 40%的位置。这一参数对于将立体声混音室改造成三维声混音室的案例尤其重要。由于立体声混音室往往要求前方空间较小,因此工作位置普遍靠前。在改造时应该适当将控制台向后移动以满足三维声的监听要求。另外,对于一些具有展示用途的混音空间,由于中间位置往往放置了用于欣赏的座位,可以将房间的监听点向后设置以保证混音的准确性(需要预先校准 2 个监听位置,根据实际聆听位置调取预设)。图 3.2 为上述位置的图示。

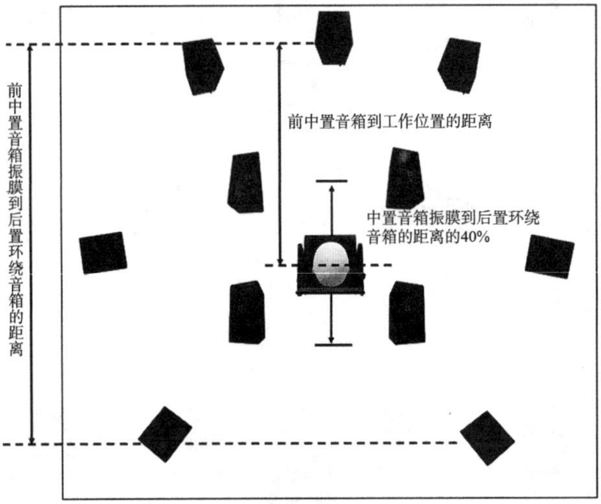

图 3.2 工作位置设置示意图

3.1.3 耳平面监听音箱的摆放

确定混音室工作的位置后,我们就可以确定耳平面监听音箱的位置了。根据空间大小和制作用途的不同,菁彩声的混音空间通常为 5.1.4 或 7.1.4 设置,可向下兼容 5.1 和 2.0。在 5.1.4 布局中,耳平面监听音箱包括左(L)、中(C)、右(R)、左环绕(LS)和右环绕(RS)。7.1.4 布局中,耳平面监听音箱包括左(L)、中(C)、右(R)、左环绕(LSS)、右环绕(RSS)、左后置环绕(LRS)和右后置环绕(RRS)。在其他一些系统中,也会出现 9.1.X 声道,它们在 7.1.X 的基础上增加了两侧的耳平面监听音箱。

图 3.3 显示的是一个 7.1.4 混音室中的耳平面监听设计。我们首先确定混音的工作位置,然后尽可能按照图中所示的角度,摆放耳平面监听音箱。在摆放时,所有角度都是相对于中置音箱的,因此必须确保中置音箱位于 0°,且正对混音位置。音箱必须成对且对称放置。确定音箱位置后,将它们水平或垂直

旋转以确保音箱声轴对准混音位置。如果需要将音箱摆放在较高的位置，则向下倾斜角度不宜大于 15°。对于 5.1.4 系统，环绕音箱应该与中置音箱大约呈 110°(具体宽容度见 T/UWA 009.3－5—2024)。耳平面监听音箱摆放完毕后，我们仍然应该确保工作位置位于中置音箱振膜到后置环绕音箱距离的 40%。

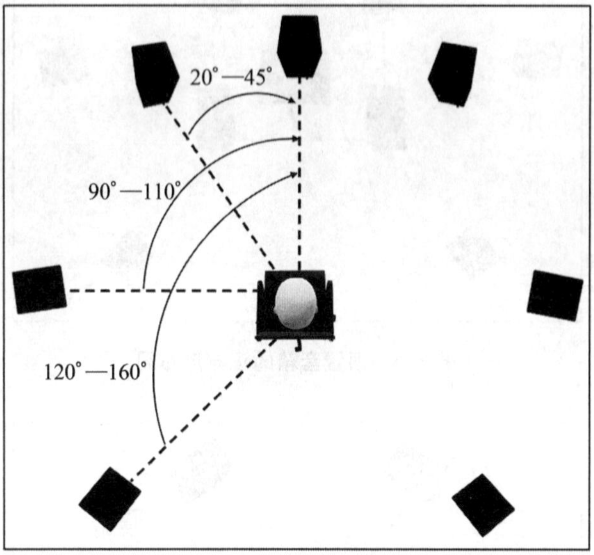

图 3.3　音箱摆放示意图

对于耳平面监听音箱摆放的高度，我们建议音箱中点应离地 1.3 m 左右。这个高度符合大多数人坐着时耳朵的高度。如果音箱设置在更高的位置，我们可以将它们稍微向下倾斜，但要避免超过高于地板和顶部音箱之间的距离的 70%。如果超过这一高度，会使人在监听时产生错误的高度感。同时，下俯角的角度不宜大于 15°，以避免音箱离轴染色给频响带来误差。

3.1.4　顶置音箱的摆放

顶置音箱的位置对于混音时的高度信息至关重要，菁彩声的 5.1.4 或 7.1.4 布局中的".4"指的就是顶置音箱。理想情况下，4 个顶置音箱应该围绕工作位置，形成一个正方形，如图 3.4 所示。如果天花板较高，正方形应相对较大，天花板较低则正方形相对较小。如图 3.5 的侧视图(左侧)和后视图(右侧)所示，从工作位置到每个顶置音箱的垂直角度都为 45°。

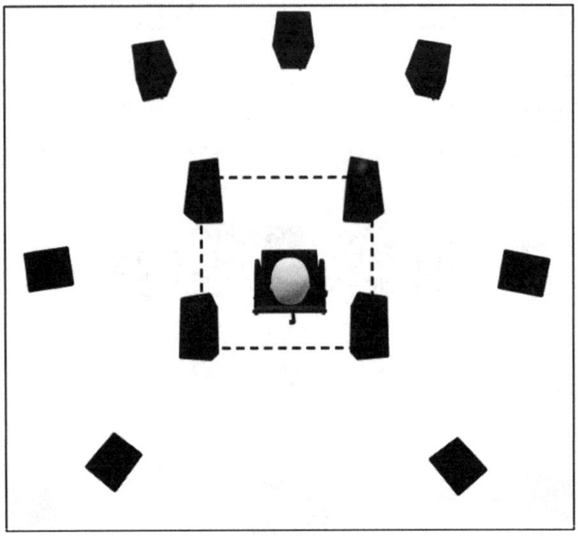

图 3.4　顶置音箱的正方形布局

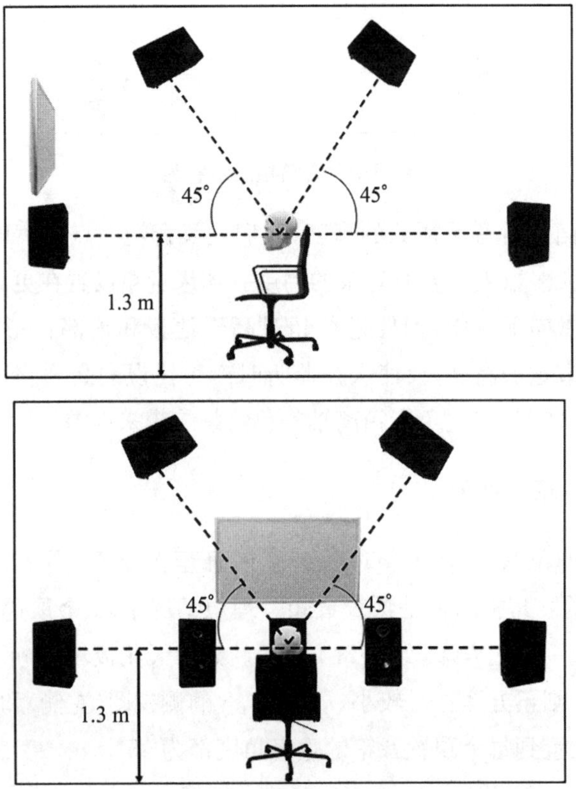

图 3.5　顶置音箱位置的侧视图与后视图

简单来说，如果我们能够确保从前置顶置音箱到后置顶置音箱的距离以及左右顶置音箱之间的距离是从耳朵高度垂直向上到顶置音箱的距离的 2 倍，就可以实现理想的 45°垂直角度。

举一个简单的例子，一个房间的顶置音箱振膜高度为 2.6 m，工程师的坐姿耳高为 1.3 m，则从工作位置到顶置音箱的垂直距离是 1.3 m。因此，前置顶置音箱到后置顶置音箱的理想距离是 2.6 m(1.3 m×2)。左侧顶置音箱到右侧顶置音箱的距离，也是 2.6 m。因此，在此案例中以工作位置正上方为中心的 2.6 m×2.6 m 的正方形的四个顶点就是顶置音箱的安装位置，如图 3.6 所示。

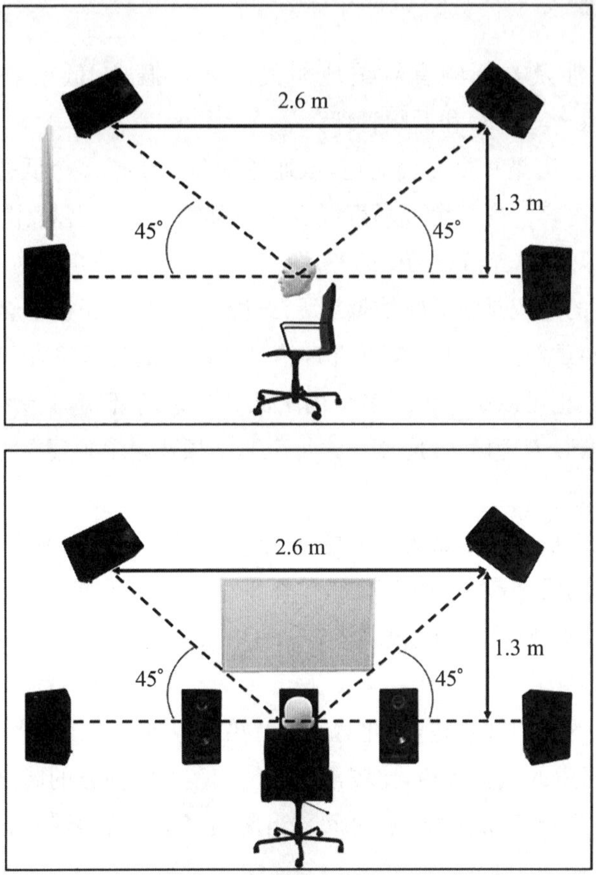

图 3.6　顶置音箱摆放位置示意图

需要注意的是，如果耳平面监听音箱放置的位置比工程师的耳高高，就意味着它们与顶置音箱之间的距离将会减小。在这种情况下，顶置音箱的正方形布局应该稍微缩小，以保证耳平面音箱和顶置音箱之间大约有 45°的夹角。

在一些情况下，房间的天花板上会有通风管道或照明设施等无法避开的障碍，顶置音箱之间的角度必须适当增加或减少以避开这些障碍。在这种情况下顶置音箱的布局会偏离正方形设置，但轻微的偏离不会对菁彩声的混音造成影响。我们的建议如下：

(1) 在工作室侧视图中，前、后顶置音箱的垂直角度应在 30°～55°之间；

(2) 在工作室后视图中，左、右顶置音箱的垂直角度应在 45°～55°之间。

3.1.5 低频效果

低频效果涉及与低频音频重现相关的两个概念：低频效果通道（Low Frequency Effect，LFE）和低频管理。

低频效果通道是一个专用通道，该通道配备一个或多个低音音箱，以确保能够重现低音内容。在每个菁彩声混音室中都需要低音音箱作为音箱布局中的“.1”（例如，7.1.4 音箱布局中的“.1”）。

低频管理的过程是将低频能量从无法达到 40 Hz 以下的非全频音箱（耳平面和顶置音箱）重新定向到一个低音音箱。所使用的低音音箱可以是 LFE 通道的低音音箱，也可以是一个或多个用于低频管理的音箱（只针对部分声道作用）。理想的低频管理模式，应该是为每个非全频音箱单独配置一个低音音箱，并摆放位置一致。

如果受制于成本等因素无法配置全频音箱，我们建议对所有非全频音箱使用低音管理。通常情况下，用于顶部和耳平面的环绕音箱都是尺寸较小的音箱，缺乏足够的低频响应，但很多左、右和中置音箱也无法达到足够的低频响应。

由于低音的指向性较差，因此对低音音箱的位置通常没有严格的规定。对于用于 LFE 通道的低音音箱，比较常见的位置是房间前方的墙上，中置音箱和左侧音箱或中置音箱和右侧音箱之间。当使用多个低音炮箱时，通常采取以下三种方法：

(1) 两个音箱的箱体可以安装在一起，以优化它们的声学总和和动态范围；

(2) 在有较大音染的房间中(共振等),箱体可以分别放在前墙上的不同位置,以减轻房间的音染效果;

(3) 当低音音箱仅用于低音管理时,我们建议将它们放置在它们所管理的音箱附近(例如,如果它们管理后置环绕音箱,则放在房间的后部)。

3.1.6　音箱选择

为了忠实重现来自系统的音频,所选择的音箱必须具有足够的功率输出和动态范围。根据《三维声音技术规范　第3-5部分:技术要求与测试方法　菁彩声混录棚(V1.0)》(T/UWA 009.3-5—2024),音箱的电声性能宜符合GY/T 298—2016标准中“9.2.2”的要求。具体如下:

9.2.2　电声要求

9.2.2.1　幅频响应

以粉红噪声为信号源,在40 Hz～16 kHz范围内,主声轴方向(方向角为0°)处每三分之一倍频带上测量的幅频响应容限应为一个不超过4 dB的通带;±10°方向角(与主声轴夹角)处测量的频响曲线与主声轴方向的差值(仅限同一水平面内)不应超过3 dB;±30°方向角的差值不应超过4 dB。

不同音箱的幅频响应应一致,至少在250 Hz～2 kHz的频率范围内,不同音箱频响的差值不应超过1.0 dB。

9.2.2.2　指向性指数

以三分之一倍频带噪声测量的指向性指数C,在500 Hz～10 kHz频率范围内应满足:

$$6\,\mathrm{dB} \leqslant C \leqslant 12\,\mathrm{dB}$$

指向性指数应随着频率平滑上升。

9.2.2.3　非线性失真

以产生90 dB平均声级(SPL)的恒定电压信号加载到音箱,相对于该声级,在40 Hz～16 kHz基频范围内,谐波失真分量不应超过:

$$-30\,\mathrm{dB}(3\%)\quad f < 250\,\mathrm{Hz}$$
$$-40\,\mathrm{dB}(1\%)\quad f \geqslant 250\,\mathrm{Hz}$$

9.2.2.4 瞬时保真度

主声轴方向，以示波器测量的信号衰减到初始幅度 1/e（大约 0.37）的衰变时间应满足：

$$t_s < 5/f$$

其中 f 为信号频率。即正弦猝发音的衰变时间不超过相应正弦波周期的五倍。

9.2.2.5 时延

立体声或多声道系统的不同声道时延差应不超过 100 μs。

注：其中不包括从音箱到听音位置的时延。

对伴随图像的系统，基准监听音箱和被测系统的总时延差不应超过 ITU-R BS.775 中的限定值。

9.2.2.6 动态范围

在满足至少连续工作 10 分钟不产生任何热损伤，机械损伤，电路不过载的情况下，监听音箱产生的最大工作声级（以符合 GB/T 6278—2012 的节目噪声信号测量）应满足：

$$L_{\text{eff max}} > 108\ \text{dB SPL}$$

$L_{\text{eff max}}$ 为声级计在不计权、慢时间常数下的均方根测量值。

单只基准监听音箱和相应放大器在距声中心 1 m 处产生的等效噪声声级应满足：

$$L_{\text{noise}} < 10\ \text{dBA}$$

3.1.7 其他设备

除了音箱之外，菁彩声混音工作空间还需配备以下设备：

(1) 用于渲染器输出的音频接口：装有花瓣三维声插件及 DAW 软件的计算机以及一定数量的输出音频接口。5.1.4 音箱布局需要 10 个主输出以及额外的耳机输出来监听来自渲染器的双耳混音，7.1.4 音箱布局则需要 12 个主输出和耳机输出。

(2) 监听控制：监听控制器应至少支持 1 组 10 通道(5.1.4)的输出。

其他设备应具备如下功能，详见表 3.3。

表 3.3　其他设备功能要求

序号	项目	功能要求
1	音量控制	应具备音量控制功能
		可对独立通道进行 Solo/Mute 切换
2	信号源切换	应具备信号源切换功能
3	其他功能	应具备均衡调整选项
		可对电平及响度进行测量并显示

3.2　三维声制作基本概念

在前一节中我们已经成功搭建起一个符合菁彩声标准的工作环境，接下来我们需要了解该工作环境的工作原理。

3.2.1　基于声道和对象的声音渲染

1. 基于声道的声音渲染

基于声道的声音渲染是一种传统且应用广泛的音频技术，它通过将音频信号分配到预定数量的声道，并在特定位置的音箱上进行播放，创造出立体声或环绕声甚至三维声的效果。该技术的核心在于通过固定数量的声道来传递音频信息，每个声道对应一个或多个音箱，从而实现声音的空间定位和环绕效果。

基于声道的声音渲染通常包含几种常见的声道配置，如立体声(2.0)、四声道(4.0)、五声道(5.0)和最常见的 5.1 环绕声系统。例如，5.1 环绕声包括五个主声道(前左、前中、前右、后左、后右)和一个低频声道(LFE 声道，通常用于重低音效果)。在这种配置中，每个声道传输的音频信号都经过了专门设计，并在特定的音箱上播放，以产生方向感和空间感。

基于声道的渲染方法依赖于音箱的物理布局。例如，在立体声系统中，左声道和右声道的音箱通常分别放置在听众的左侧和右侧，这样可以通过左右声道的音量差异和时间延迟来模拟声音的左右移动。例如，在 5.1 环绕声系统中，前、后和侧面的音箱能够通过播放不同声道的音频信号，营造出声音从四面八方传来的效果，从而增强沉浸感。

然而，基于声道的声音渲染也存在一些局限性。首先，声道数量和音箱布局是预先设定的，这意味着它不能灵活适应不同的播放环境和设备配置。此外，随着声道数量的增加，系统的复杂性和成本也会相应上升。

尽管如此，基于声道的声音渲染仍然具有广泛的适用性，特别是在传统的家庭影院系统、电视广播和音乐制作中。随着技术的不断发展，当下的 3D 映射(mapping)技术已经可以实现多达 256 个通道的自定义音箱阵列的三维声渲染。虽然基于声音对象的渲染技术逐渐兴起，但由于基于声道的声音渲染实现起来较简单且兼容性高，能够在各种设备上稳定播放，尤其在标准化和成本控制方面具有独特的优势，因此依然是现代音频技术的重要组成部分。

2. 基于对象的声音渲染

基于对象的声音渲染是一种先进的音频技术，旨在提供灵活和精确的空间音效定位。与传统的基于声道的渲染方法不同，基于对象的渲染不依赖于固定的声道配置，而是将每个声音元素(即声音对象)进行独立处理，并根据需要动态地分配到不同的音箱或虚拟声源中。

基于对象的渲染的核心在于每个声音对象都包含音频数据和元数据，其中元数据包括该声音对象在三维空间中的位置、移动路径、音量、频率特性等信息。在播放过程中，音频引擎会根据这些元数据实时计算声音对象在虚拟声场中的位置和运动轨迹，然后将其渲染到相应的音箱或虚拟声源。这种方法允许声音对象在三维空间内自由移动，从而提供了极高的空间定位精度和沉浸感。基于对象的声音渲染有如下几点优势：

(1) 动态声像定位：基于对象的渲染能够实现声音在三维空间中的任意定位，无需依赖固定的音箱布局。这意味着无论声音在何种音箱布局上回放，都可以精确再现其位置和运动路径。

(2) 适应多种设备配置：由于不依赖于固定的声道配置，基于对象的渲染能够适应不同数量和布局的音箱系统，从家庭影院到专业影院，甚至是耳机。不同于基于声道的渲染技术，基于对象的渲染可以为各类听众提供接近一致的音频体验。

(3) 增强沉浸感：通过精确控制声音对象的空间位置和动态变化，基于对象的渲染能够创建更加逼真的声场效果，使听众仿佛置身于声音环境之中，极大增强了沉浸感。

基于对象的渲染技术已广泛应用于电影制作、虚拟现实(VR)、增强现实(AR)和游戏音频设计等领域。在电影和VR中,它可以精确模拟现实世界中的声音传播路径和环境音效,增强视听效果的真实感。在游戏中,它能够提供动态的音效,使玩家能够根据声音定位敌人或判断环境变化,提升游戏体验。

尽管基于对象的渲染技术具备诸多优势,但其实现也面临一些挑战。它的计算复杂度高,实时处理大量声音对象时需要强大的计算能力,这对设备提出了较高的算力要求。

3.2.2 声床、对象与元数据

声床(bed)和对象(object)是花瓣三维声系统中的两个关键概念,它们有着显著的区别。

传统的环绕声是通过在与音箱位置相对应的声道之间进行声像移动来实现的,也可以被理解为面向声道的混音,而现在的3D环绕声则被称为面向对象的混音。在菁彩声制作中我们仍然可以看到这种面向声道的混音方式,这种方式以声床的形式存在在混音中。与传统环绕声不同的是,菁彩声中的声床中除了有环绕声的7.1(或5.1)声道外,还增加了顶部声道(如7.1.4、7.1.2、5.1.4)。

声床是一组被预定义的音频信号,通常用于处理背景音效、环境音效以及音乐等不需要精确定位的音频内容。典型的声床包含了5.1或7.1声道,代表了传统的环绕声配置。这意味着声床的音频信号被分配到预定义的音箱位置,声音的方向和位置是固定的。在混音阶段,声床被分配到特定的音箱组,声音位置在制作过程中已经确定,不能在回放时进行动态调整。因此,声床适合处理那些不需要精确定位的音频内容,如背景音乐和环境音效。

声床可以兼容单声道到7.1.4的不同配置,菁彩声混音可以拥有多种不同宽度的声床(立体声、5.1、7.1、5.1.2、7.1.2、5.1.4、7.1.4、双耳等)。根据音频工程师的创作习惯、数字音频工作站的支持程度和作品的交付要求的不同,声床有多种不同的使用方法。我们将在后面的章节中详细介绍。

和其他三维声标准一样,菁彩声引入了对象的概念。对象与声床的不同之处在于对象不是作为声像在声道之间移动,而是作为声源在整个三维空间中移动。对象中的音频与其元数据（metadata）一起工作，其中位置元数据包括三维（x、y、z）位置坐标和对象大小。位置坐标定义了对象在该三维空间中的位置，对象大小定义了对象的扩散度大小，这种大小和位置信息在混音时被实时生成和记录，以在终端的回放设备上进行回放。

与声床不同，对象不被分配到特定的音箱，它们是根据扬声器布局的情况被实时渲染到扬声器，具体取决于播放系统的配置。对象的位置信息使得它们在播放时可以动态地定位和移动，从而实现更加精确的声音定位和空间感。在混音过程中，混音工程师可以为每个声音对象定义其移动轨迹和位置，播放设备则可根据对象的位置信息实时计算并渲染声音，使得声音在空间中自由移动。这使得对象适合处理需要精确定位和动态移动的音频元素，如对话、特效音和其他重要声音。

声床和对象各自在菁彩声系统中扮演着重要的角色。声床适合处理背景音效和音乐等不需要精确定位的音频内容，其位置固定，依赖于预定义的扬声器配置。而对象则提供了更高的灵活性，由于并不基于通道，而是基于元数据的渲染，其效果不因扬声器的布局改变而改变，因此适合处理需要精确定位和动态移动的音频元素，其位置可动态调整、自由移动，使得声音更加立体和沉浸。菁彩声通过结合声床和对象，使得音频制作和播放能够实现更加灵活和真实的声音体验。

3.2.3 声音渲染

如前文所说，菁彩声是一种三维声标准格式，这意味着它可以在各种支持菁彩声解码的设备上播放。在播放设备上重现完整的菁彩声混音是由 Petal Vivid Renderer 完成的，其工作原理可以概括为以下几个步骤：

1. 音频信号和元数据的准备

（1）音频信号：在 DAW 中，工程师会创建和混合多声道的音频信号，这些信号包括主音轨、对话、音效、背景音乐等。

（2）元数据：元数据包括声音对象的位置、移动路径、音量变化等信息，这些信息会在 DAW 中与音频信号一起创建和编辑。

2. 音频信号和元数据的路由分配

将 DAW 中的音频信号和元数据通过音频接口或网络传输协议（如 Dante、MADI 等）分配到花瓣三维声渲染器。

DAW 中的音频信号通常会通过多通道的输出接口发送到渲染器，而元数据则通过特定的控制协议传输。

3. 渲染过程

（1）接收信号：花瓣三维声渲染器接收来自 DAW 的多声道音频信号和相关的元数据。

（2）解析元数据：渲染器解析元数据，以确定每个声音对象的位置、移动路径和其他动态属性。

（3）空间音频处理：根据元数据，渲染器计算每个声音对象在 3D 空间中的位置，并将其映射到音箱或虚拟声源。

（4）音频输出：渲染器将处理后的音频信号输出到对应的音箱或耳机，以实现逼真的 3D 音效。

4. 监听和调整

工程师可以通过监听渲染器输出的音频效果来进行调整，确保声音对象在空间中的定位和移动符合预期。

调整可以在 DAW 中完成，通过修改音频信号和元数据，实时反映在渲染器的输出中。

5. 最终输出和编码

一旦混音完成，渲染器可以将处理后的多声道音频信号导出为最终的音频文件或实时流。在发布前，音频信号可能还会经过编码器，以便兼容各种播放设备和平台。图 3.7 所示为声音渲染流程图。

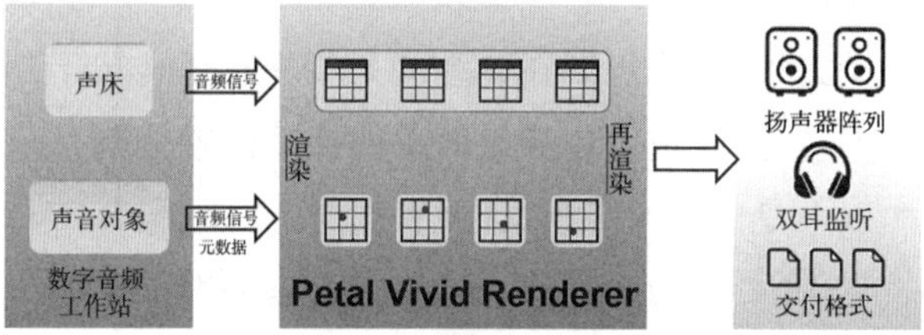

图 3.7　声音渲染流程图

通过这些步骤，花瓣三维声渲染器能够将复杂的声音对象和动态效果精确地呈现为丰富的空间音频体验，提供更具沉浸感的听觉效果。符合规范的混音室及用户端回放设备能够保证较好的回放一致性，为听众还原工程师在制作时所听到的菁彩声效果。

在制作菁彩声内容时，工程师通常通过音箱监听，然而受限于成本和便捷性，许多消费者使用耳机聆听菁彩声内容。因此，工程师在制作内容时可以在花瓣三维声中使用双耳渲染器在耳机上进行监听。双耳渲染器使用 HRTF 将所有声床和对象渲染到耳机上，能够在耳机中尽可能地模拟出在音箱上聆听沉浸式音频的效果。

3.2.4 花瓣三维声组件

花瓣三维声安装程序组件由 Petal Vivid Panner，Petal Vivid Renderer 和 Petal Vivid Return 组成（第 4 章将做详细介绍）：

(1) Petal Vivid Panner 支持对已挂载该插件的音频进行空间位置编辑并将编辑后的音频与空间位置信息传入 Petal Vivid Renderer 进行空间渲染。

(2) Petal Vivid Renderer 支持对收到的多对象音频进行三维声渲染，录制三维声母带并渲染导出。

(3) Petal Vivid Return 支持将 Petal Vivid Renderer 渲染后的多通道音频流发送至 DAW。

3.2.5 花瓣三维声的工作模式

花瓣三维声支持两种工作模式，即虚拟声卡（audio bridge）模式和 Send/Return 模式，我们可以简单地将它们理解为调音台信号处理的插入模式和发送模式。

1. 虚拟声卡模式

在虚拟声卡模式下，用户可以在熟悉的 DAW 上完成混音工作而完全不需改变以前的编辑混音方式，也可以通过简单的连接设置将原有的混音工程转制成菁彩声制式。以下是虚拟声卡模式的信号工作流（见图 3.8）：

在选定的轨道中插入 Petal Vivid Panner，从而将轨道中的音频信号定位在三维空间中，利用位置信息生成独立的元数据（类似坐标轴中的 x、y、z 数据），与轨道的音频信号一同分配至渲染器。

需要注意的是，声床的音频信号仍是由 DAW 的母线进行通道分配再发往 Petal Vivid Renderer，而声音对象的音频信号不再分配到 DAW 中的母线，而是从 DAW 直接发往 Petal Vivid Renderer。

Petal Vivid Renderer 将收到的音频信号和对应的实时元数据（位置信息）

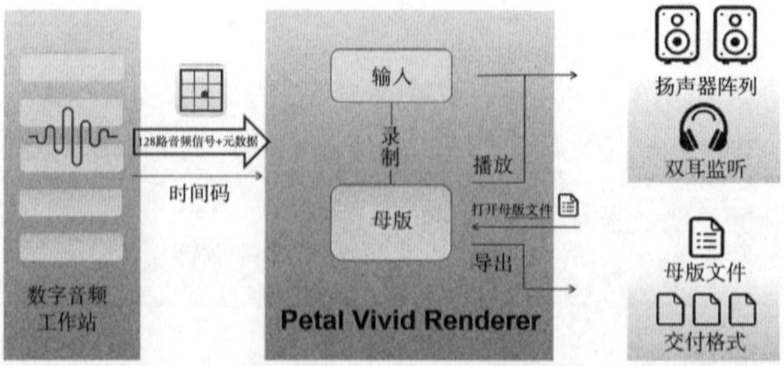

图 3.8　虚拟声卡模式信号流

根据所需的制式进行渲染。例如，当用户选择渲染模式为 7.1.4 时，Petal Vivid Renderer 就会根据所收到的声床音频信号进行上下混以适配 7.1.4 的渲染输出，而对于所收到的声音对象信号，则根据该声音对象的实时元数据，将该声音对象的音频信号渲染出 12 个通道应有的电平，并将经过不同处理的信号发送到相应的扬声器上去，以在 7.1.4 的环境中还原声源原本的位置。

通过 Petal Vivid Renderer 中的录制功能，可以将声床与声音对象的音频信号以及它们对应的元数据“录制”到花瓣三维声的工程文件中，该文件仍将分别保存这些音频信号和元数据，而不是简单地把混音离线并轨，生成 WAV 或 MP3 文件。注意，Petal Vivid Renderer 只录制声音对象时，是从 Petal Vivid Panner 获取推子后的音频信号，而不包括 DAW 中的各种独立的混音或者自动化信息，简而言之被记录的只是处理完的音频信号和它们所对应的空间位置信息(元数据)。

录制完成的文件可以用 Petal Vivid Renderer 中的渲染导出功能输出为沉浸声格式并可导出上下混的多声道音频版本，文件支持 WAV、ADM BWF、MP4(AV3A)格式。

2. Send/Return 模式

Send/Return 模式的花瓣三维声组件可以被简单理解为 DAW 内置的渲染器，用户在 DAW 上完成主要的混音工作。以下是 Send/Return 模式的信号工作流(见图 3.9)：

在选定的轨道中插入 Petal Vivid Panner，将轨道中的音频信号定位在三维空间中，进而利用位置信息生成独立的元数据(类似坐标轴中的 x、y、z 数据)，与轨道的音频信号一同分配。

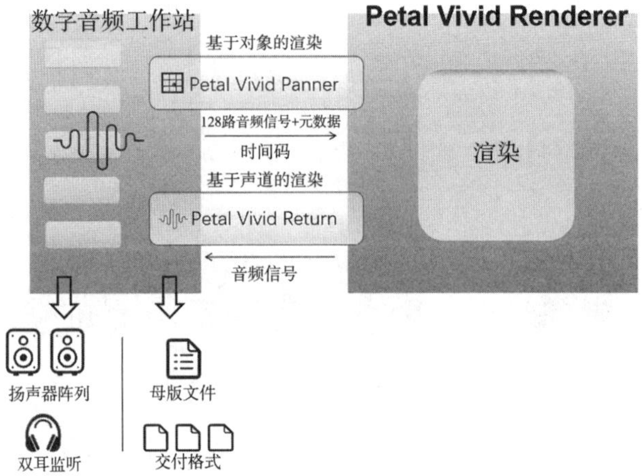

图 3.9 Send/Return 模式信号流

与虚拟声卡模式相同，音频信号不再发往 DAW 中的母线，而是发往 Petal Vivid Renderer。

Petal Vivid Renderer 将收到的音频信号和对应的实时元数据（位置信息），根据所需的制式进行渲染，生成多通道的音频信号。

返回的信号需要首先在 DAW 中新建与渲染导出制式相同的多声道轨道，然后再在选定的输出轨道中插入 Petal Vivid Return，这样先前由 Petal Vivid Renderer 渲染生成的音频信号将由此送还给 DAW，再通过 DAW 中的母线发送到相应的扬声器上去。

3.3 系统要求与软件安装

3.3.1 花瓣三维声的系统要求

花瓣三维声的运行环境和设备配置要求见表 3.4。

表 3.4 花瓣三维声的运行环境和设备配置要求

软硬件	最低配置	推荐配置
CPU	Intel i5	Intel i7(6 核)/M1 及以上
内存	4 GB	8 GB 或更高

续　表

软硬件	最低配置	推荐配置
磁盘空间	5 GB	35 GB 或更高
操作系统(MacOS)版本	Mojave	Catalina/Big Sur
支持的 DAW	Nuendo11/Cubase12	

3.3.2　花瓣三维声的安装指引

下载花瓣三维声安装包请前往此链接：

https://developer. huawei. com/consumer/cn/doc/Media-Guides/version_history-0000001320890977

以下是安装指引：

(1) 双击图标打开安装包，首次安装时需要在“系统偏好设置”中选择“安全性与隐私”，在通用面板单击“仍要打开”来允许被阻止的安装包(见图 3.10)。

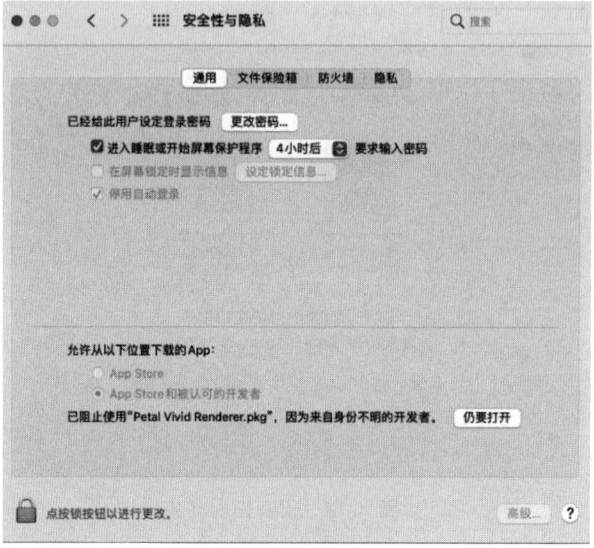

图 3.10　安装指引 1

(2) 解压并打开安装包，在“介绍”页，单击“继续”安装(见图 3.11)。

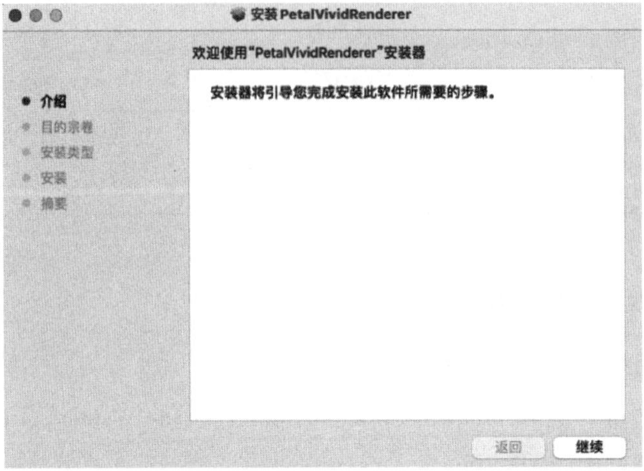

图 3.11　安装指引 2

(3) 在"目的卷宗"页，选择要安装"Petal Vivid Renderer"软件的磁盘，然后单击"继续"(见图 3.12)。

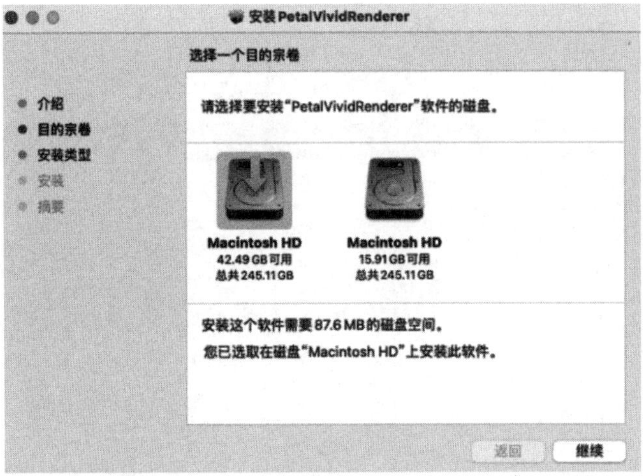

图 3.12　安装指引 3

(4) 单击"安装"，在安装前，您可根据自身需求更改安装位置，或使用默认位置进行安装(见图 3.13)。

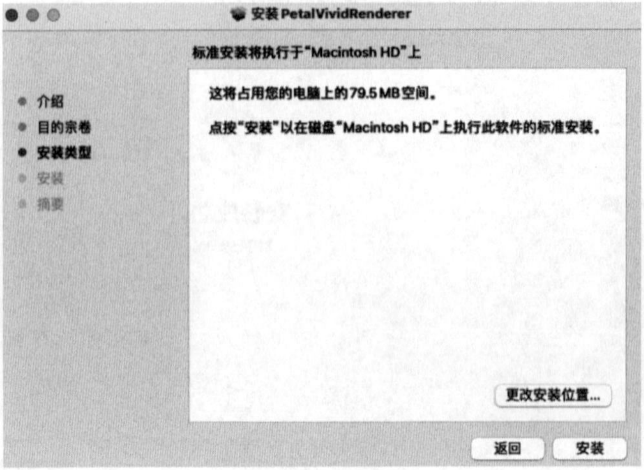

图 3.13　安装指引 4

(5) 应用显示安装中，此过程您无需操作(见图 3.14)。结束后，系统提示"安装成功"(见图 3.15)。

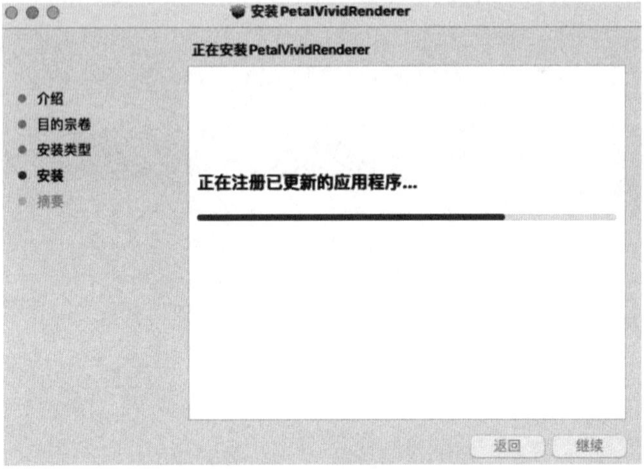

图 3.14　安装指引 5

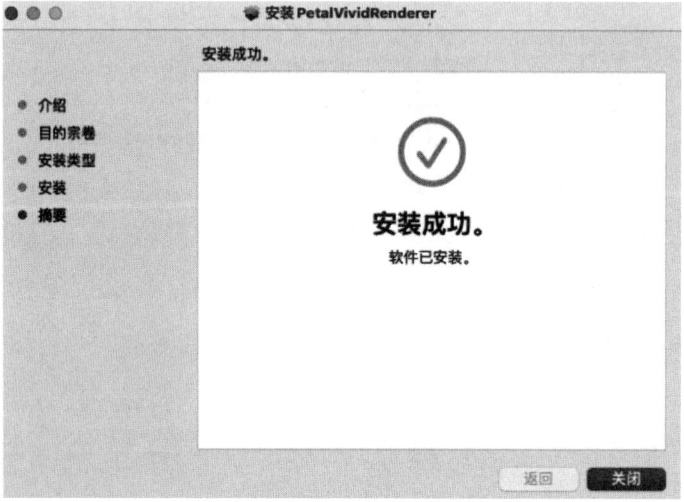
安装 PetalVividRenderer
安装成功。
介绍
目的宗卷
安装类型
安装
摘要
安装成功。
软件已安装。
返回
关闭

图 3.15　安装指引 6

第4章

使用花瓣三维声进行菁彩声内容制作

在开始使用花瓣三维声进行菁彩声内容制作之前，我们需要熟悉花瓣三维声组件的功能以及具体操作方法，了解在三维声制作时应具备的制作理念，以及如何在不同的DAW中进行相关设置。

4.1　花瓣三维声组件的操作

花瓣三维声安装程序组件由 Petal Vivid Panner，Petal Vivid Renderer 和 Petal Vivid Return 组成，本节将详细介绍各组件的面板、功能以及具体操作方法。

4.1.1　Petal Vivid Renderer

Petal Vivid Renderer 是花瓣三维声的核心组件，能将 Petal Vivid Panner 获取的信号进行对应制式的渲染，同时自带 ADM 批量转码和视频合并两个实用的工具。

Petal Vivid Renderer 包含虚拟声卡和 Send/Return 两种工作模式。它与 DAW 搭配使用时，既可以作为独立软件将 DAW 的信号通过 Petal Vivid Panner 输出到 Petal Vivid Renderer 进行渲染导出，也可以作为插件将获取的信号处理完毕后用 Petal Vivid Return 送还给 DAW。

1. 主界面

Petal Vivid Renderer 的主界面包含录制渲染导出、LTC 同步、对象管理、3D 视图、电平窗口、响度表、音箱校准几个模块，如图 4.1 所示。

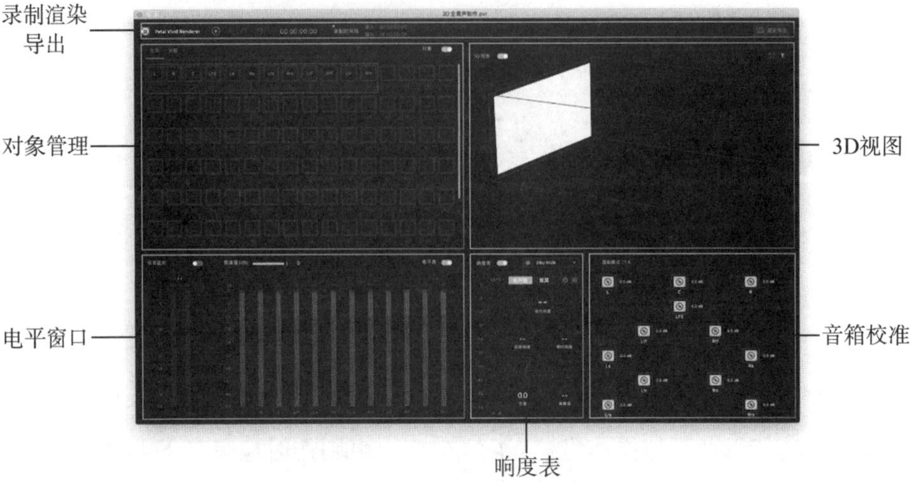

图 4.1　主界面

1）录制渲染导出

主界面的最上方区域可以进行信号录制，“录制”“停止”及“重置”按钮可以控制录制的进行；中间的时间码视窗可以实时显示时间码信息，用来监测是否与 DAW 的播放时间同步，如图 4.2 所示。

图 4.2　录制区域

单击“录制”将询问工程文件保存路径。录制开始后时间码开始计时，单击“停止”后工程文件自动保存。工程文件格式如图 4.3 所示。

图 4.3　录制工程文件格式

将“录制时间段”按钮点亮可以设置输入和输出的时间码，如图 4.4 所示。

图 4.4　录制区域—录制时间段

录制输入输出(Punch-in/out)技术是录音过程中用于修补和改进音轨的关键方法之一，其渊源可以追溯到模拟录音时代。当时，录音工程师在磁带录音机上使用该技术来纠正错误或添加新的部分，而无须重新录制整个音轨。

在模拟录音时代，录制输入输出是通过物理操作磁带机的录音和播放头来实现的。录音工程师会在需要修正的音轨部分之前手动按下录音按钮(Punch-in)，然后在修正完毕后立即按下停止或切换到播放模式(Punch-out)。这种操作要求极高的精确度和熟练度，因为稍有差池就可能导致录音失败或破坏原有的音轨。尽管技术操作复杂，但这种方法显著提高了录音效率，在修正小错误或添加新部分时尤为实用。

随着数字录音技术的兴起，录制输入输出变得更加便捷和精确。现代 DAW 允许工程师和音乐制作人在音轨的任何部分进行录制输入输出操作，而无须担心物理磁带的局限性。DAW 软件通常提供了自动化的录制输入输出功能，甚至脚踏开关等外部设备，可以精确地设置录音的开始和结束点，进一步提高了操作的灵活性和准确性。

录制输入输出技术在各种录音应用场景中得到了广泛使用。例如，在录制人声时，某些部分可能出现错误或需要改进，此时就可以通过录制输入输出来重新录制这些部分，而不必从头开始录制整个音轨。此外，在录制乐器演奏声时，演奏者也可以使用录制输入输出来修正某些音符或段落，从而保证录音的连贯性和完美性。

Petal Vivid Renderer 的录制属于实时录制，对于时长较长的工程来说设置“录制时间段”非常实用，这意味着混音师在录制工程时不需要从头盯到尾。另外，精准的输入输出时间也意味着，不会出现手动停止时定位不准而误录了不需要的内容的情况。比如，电视剧声音后期制作时，为了避免频繁切换工程以及方便统一信号处理，通常会把好几集节目放在一个工程中进行制作，这个时候便可使用该功能，灵活方便准确地录制分集的母版文件。

2）LTC 同步

单击"TC"图标，图标变蓝时即表示启用，时间将与 DAW 中的光标时间同步，如图 4.5 所示。

图 4.5　LTC 同步

注意，该功能需要在 DAW 中设置 LTC 信号输出给 Petal Vivid Renderer，具体设置方法在本章第 2 节中将详细说明。

LTC 信号，即线性时间编码信号（Longitudinal Time Code），是一种用于在音视频设备之间实现时间同步的信号形式。它可用于音频信号编码和传输时间信息，广泛应用于视频编辑、电影制作、广播和音频录制等领域。

LTC 信号是一种音频信号，通常以方波形式传输。它可以根据需要通过模拟或数字音频线缆传输，并且能够录制在磁带或硬盘上。LTC 信号编码了时间信息，包括小时、分钟、秒和帧，这些信息以二进制形式嵌入到音频信号中，从而实现了精确的时间标记。LTC 信号的格式是标准化的，遵循美国电影电视工程师协会（Society of Motion Picture and Television Engineers，SMPTE）标准。这使得不同设备之间可以兼容和互操作。

在实际应用中，LTC 信号可用于多个设备之间的时间码同步，确保主设备与所有从设备的时间码保持一致。这在多机位拍摄、音频和视频录制等需要精确同步的场景中尤为重要。LTC 信号可以在实时操作中进行嵌入和读取，非常适用于需要实时同步的应用场景，例如直播。利用 LTC 信号，视频和音频设备可以实现同步，避免了直播中音、画不一致的情况。

3）对象管理

对象管理模块是 Petal Vivid Renderer 的核心部分。128 个网状图标代表 Petal Vivid Renderer 的 128 个音频输入通道，网状图标中点的颜色和位置代表这些输入信号的电平以及各种映射和分配状态，如图 4.6 所示。

单击右上角的按钮可以关闭"对象管理"模块的运算，节省一部分算力。同理，3D 视图、双耳监听、电平表、响度表模块都可以关闭，如图 4.7 所示。

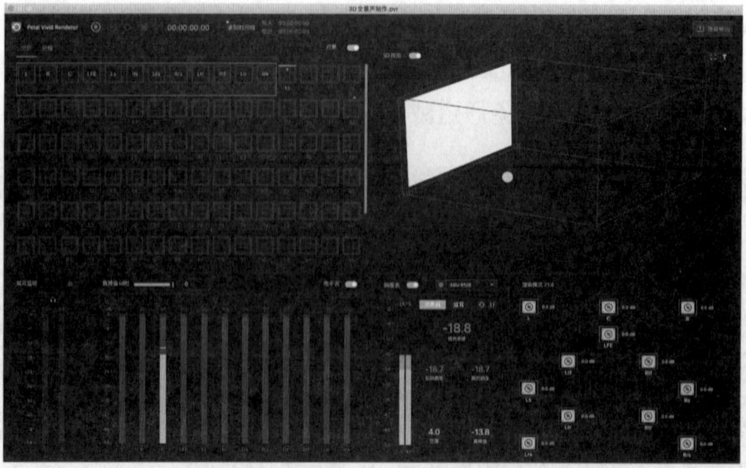

图 4.6　输入信号的电平以及各种映射和分配状态

图 4.7　控制按钮

单击左上角的"分组"栏可以按声床和创建的群组分类来查看对象。默认情况下,分组栏内只有创建工程并选择渲染模式后自动创建的声床,如图 4.8 所示。

图 4.8　对象管理—分组

单击右上角的"创建声床"按钮可以创建自定义声床,支持设置声床名称、模式，此外，用户还可以选择具体使用的通道，如图 4.9 所示。注意，额外创建声床会使可用的对象通道数量减少，在制作特别庞大复杂的工程时要控制额外声床和声音对象的数量，避免通道数不足。

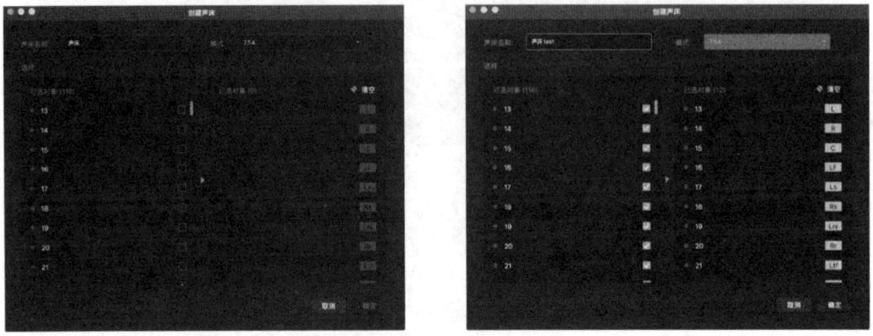

图 4.9　创建声床

例如，7.1.4 音箱布局的“声床 test”(该名称只是示例，用户可以根据实际情况自定义名称)创建完成后的分组栏界面如图 4.10 所示。用户可以单击分组右侧对应的按钮来将其静音、重新编辑和删除。删除声床如图 4.11 所示。

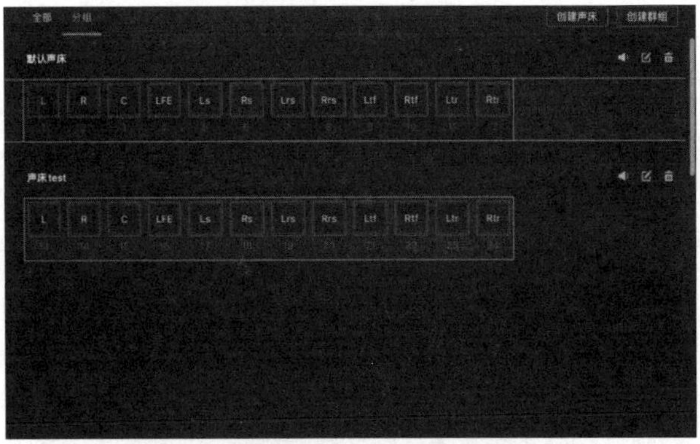

图 4.10　声床分组

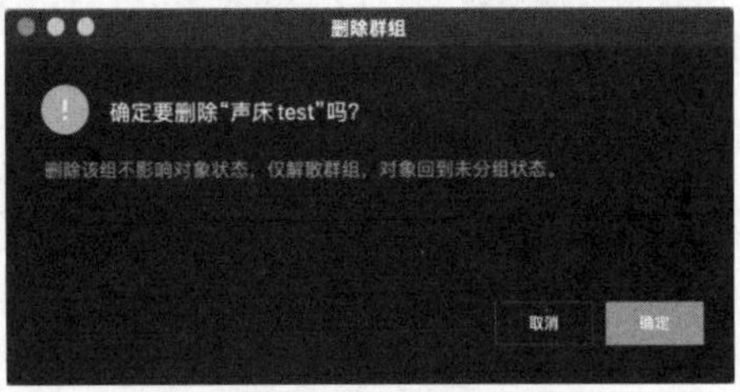

图 4.11　删除声床

单击右上角的“创建群组”按钮可以创建自定义群组，支持设置群组名称和选择需要编组的对象。左侧被勾选的对象会出现在右侧已选对象栏中，单击“清空”按钮可以取消全部已选对象，如图 4.12 所示。

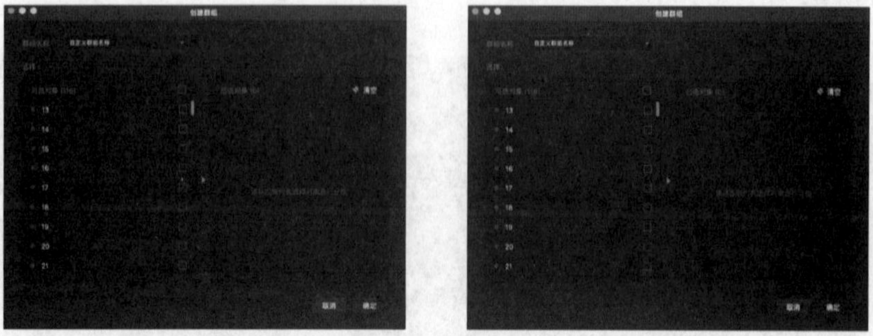

图 4.12　创建群组

例如，选择了 25、26 通道的“群组 test”创建完成后的分组栏界面如下。用户同样可以单击分组右侧对应的按钮来将其静音、重新编辑和删除。如图 4.13、图 4.14 所示。

图 4.13　群组分组

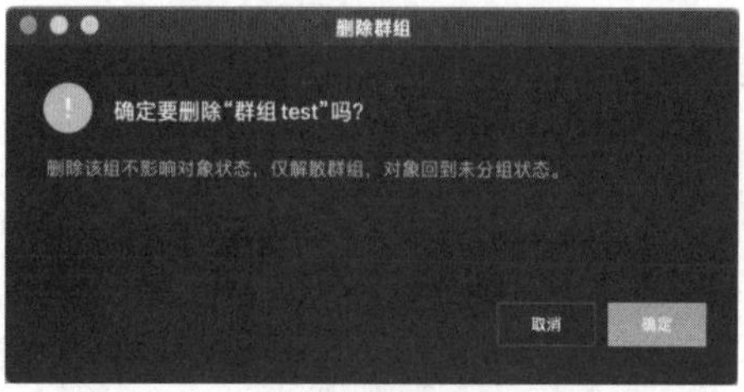

图 4.14　删除群组

4）3D视图

主界面左上角的3D视图模块可以清晰地观察对象在空间中的位置。视图左上角的“全屏”按钮可以使视图全屏显示，“筛选”按钮可以勾选是否显示分组和数字，如图4.15所示。

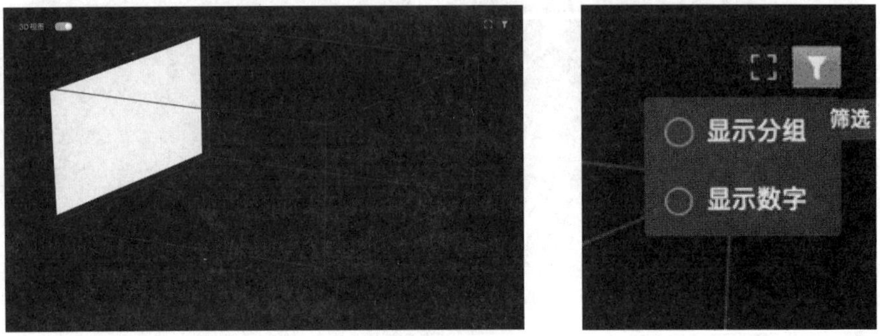

图4.15　3D视图

5）电平窗口

电平窗口可以观察路由到各个通道的电平的大小，如图4.16所示。通道电平条呈彩色时说明该通道被启用，否则将呈灰色。

图4.16　电平窗口

电平表上方的衰减值指的是对输出电平的衰减，默认情况下衰减值为0 dB，用户可以根据具体需求进行修改。

双耳监听模块在非双耳渲染模式下默认处于关闭状态，单击启用按钮后，将额外输出一路双耳监听，用户可在菜单栏—窗口—输出设置中选择具体的输出路由，如图4.17至图4.19所示。

图 4.17　双耳监听按钮

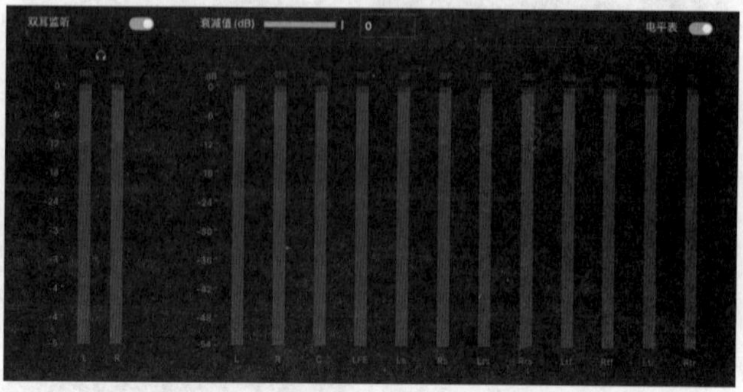

图 4.18　电平窗口—双耳监听启用

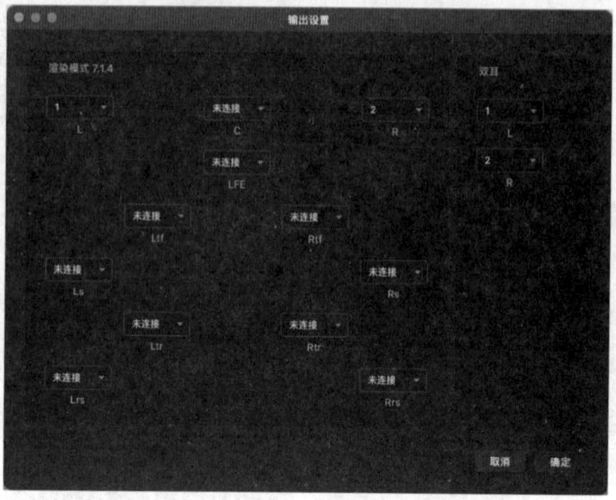

图 4.19　双耳监听启用下的输出设置

双耳渲染模式下，右侧其余电平表将关闭。此时输出设置状态如图 4.20、图 4.21 所示。

6）响度表

响度表可以实时监测音箱和双耳监听的综合响度、短期响度、瞬时响度、响度范围和真峰值，并可以暂停下来，观察某一时刻的数据，如图 4.22 所示。响度表柱状图显示的 M 和 S 分别表示短期响度（momentary）和瞬时响度（short-term）。

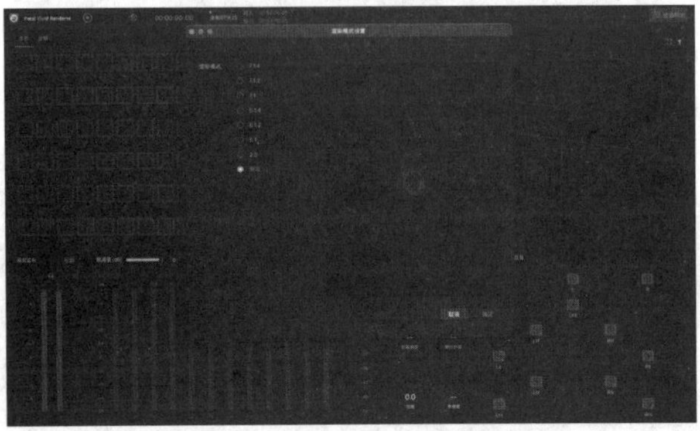

图 4.20　双耳渲染模式

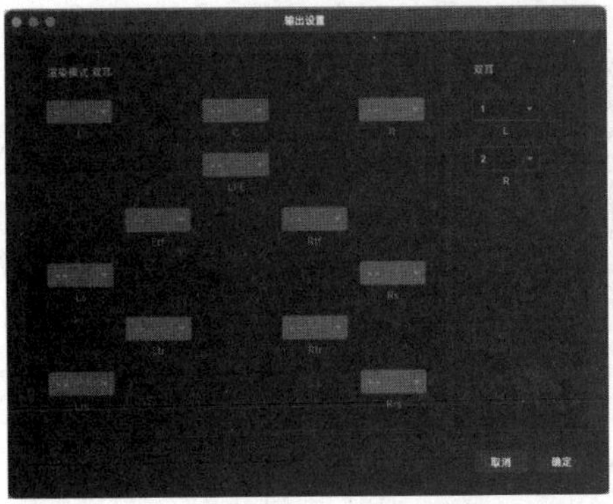

图 4.21　双耳渲染模式下的输出设置

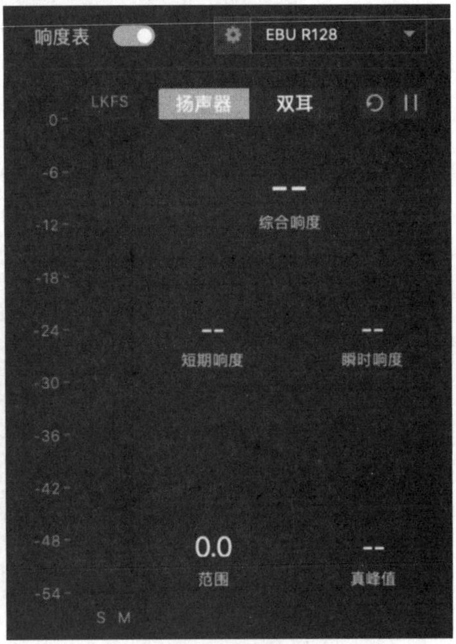

图 4.22　响度表

视图左上角可以设置响度表使用的响度测试算法，也支持自定义真峰值和综合响度，如图 4.23 所示。

EBU R128 是一个基于欧洲广播联盟（European Broadcasting Union，EBU）R128 标准的响度测量算法。这个标准旨在提供一种统一的、国际性的音

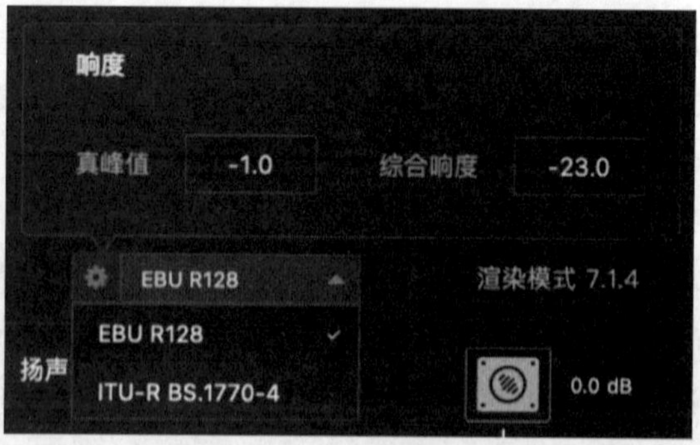

图 4.23　响度表—响度标准设置

频响度测量方法，以解决由于广播内容响度差异大造成的听觉不一致的问题。EBU R128 的主要特点包括：

(1) 响度单位：EBU R128 使用响度单位 LU(Loudness Unit)来衡量音频的感知响度，其中 1 LU 等于 1 分贝。标准还定义了 LUFS(Loudness Units Relative to Full Scale)，一种相对于满量程的响度单位，用于数字音频。

(2) K 权重滤波器：EBU R128 使用 K 权重滤波器来模拟人耳对不同频率的声音的感知敏感度。这是一种频率加权滤波器，强调人耳对某些频率范围的敏感度。

(3) 综合响度(Integrated Loudness, I)是用来衡量整个节目或音频段的平均响度的。它是基于整个音频内容的长期平均值计算出来的。

(4) 短期响度(Short-term Loudness, S)是在较短的时间窗口(例如 3 s)内计算的响度，EBU R128 用它监控和显示音频在一段时间内的响度变化，帮助工程师了解音频的动态范围和平均响度水平。

(5) 瞬时响度(Momentary Loudness, M)是基于更短的时间窗口(例如 400 ms)计算的响度，EBU R128 将其用于监控音频的瞬时变化，捕捉快速的响度波动，帮助工程师在实时处理中检测和管理音频的响度峰值。

(6) 响度范围(Loudness Range, LRA)是一个衡量音频响度变化范围的指标，在 EBU R128 中通常用于评估音频的动态范围。

(7) 真峰值(True Peak)是测量音频波形的最大振幅，EBU R128 用其确保音频不会超过特定的峰值限制，从而避免失真。

在实际应用中，EBU R128 算法会对音频信号进行 K 权重滤波，然后基于定义的时间窗口计算响度。这通常涉及取样本的平方，应用时间加权，然后计算对数平均值以获取响度值。这个过程会根据音频的持续时间和内容的动态范围反复进行，以生成综合响度、短期响度、瞬时响度和响度范围等指标。

ITU－R BS.1770－4 是国际电信联盟发布的一个关于音频响度测量和真峰值测量的推荐标准。这个标准广泛应用于广播、电视和流媒体等领域，旨在提供一致和精确的响度测量方法，以确保不同节目之间的音频响度一致性。

ITU－R BS.1770 标准最初发布于 2006 年，目的是解决广播和其他媒体中由于响度不一致而导致的听觉体验问题。BS.1770－4 是该标准的第四版，发布于 2015 年。与之前的版本相比，BS.1770－4 在响度测量算法和真峰值测量方法上进行了进一步的优化和改进。

BS.1770－4 定义了积分响度（Integrated Loudness），以表示整个音频片段的平均响度水平。积分响度是通过对整个音频信号进行加权平均计算得到，单位为 LUFS。

7）音箱校准

音箱校准视窗可以对音箱进行手动补偿，双耳渲染模式下默认此视窗是关闭的，如图 4.24 所示。其中，图标代表各音箱及其在房间中的物理布局，布局遵循用户在“渲染模式选择”中设置的制式。单击图标可静音选定音箱。

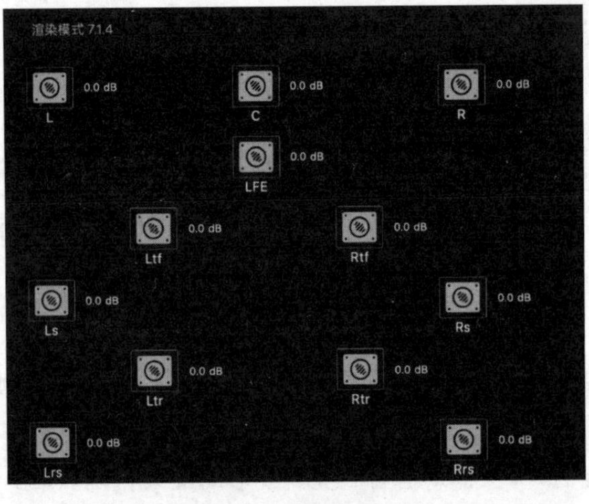

图 4.24 音箱校准

在渲染器中设置音箱校准具有多方面的重要意义。首先，菁彩声标准支持不同的音箱布局（圆形或正交布局），同时工作室的实际情况决定了音箱的实际安装角度与距离不完全相同，因此根据工作室实际的布局校准音箱的响度能够确保音频信号准确再现，使音频工程师和制作人能够听到准确的声音。其次，不同工作室的音箱布局更不可能完全相同，响度校准保证了所做的混音和母带处理在其他符合菁彩声标准的系统上都能保持一致性，用户的听觉体验最终也因此更加统一，这有助于确保各工作室的音频制作质量保持不变。

此外，音箱校准可以部分补偿房间声学特性和音箱摆放位置对声音的影响。通过校准，可以尽量减少环境因素的干扰，使音频信号更客观地反映原始录音的内容。这种精确的校准减少了不必要的反复调整和修正，提升了工作效率。制作人可以更快地做出正确判断，减少在不同设备上反复试听和调整的时间。在校准过程中，还可以设置合适的监听音量，避免长时间高音量工作对听力造成损害，确保长时间工作的舒适度。但这个校准因为涉及音箱本身的频响补偿与延时补偿，我们推荐使用专业校准设备来完成这项工作。

对于专业工作室而言，音箱校准是保持高质量制作标准的关键。它体现了工作室的专业性，有助于其在激烈的市场竞争中保持优势。总之，在 DAW 中设置音箱校准不仅是为了确保声音的准确性和一致性，更是提高制作效率和保护听力的重要措施。这一过程通过优化聆听环境，使每一个音频细节都能被清晰呈现，最终提升了整体的音频制作质量和用户体验。

2. 菜单栏

Petal Vivid Renderer 的菜单栏—文件中可以进行工程的新建、打开、关闭、保存以及另存为等操作。除了常规的功能外，Petal Vivid Renderer 的菜单栏常用的功能设置如下：

1) 传输模式（工作模式）选择

在菜单栏—Petal Vivid Renderer—偏好设置中，用户可以根据需求选择虚拟声卡（Audio bridge）模式或者 Send\Return 模式。这两种工作模式的原理在上一章第 3.2.5.2 节中已经解释，具体设置方法将在下一节中详细写明。在这里需要注意的是在虚拟声卡模式下，音频输出设备需要选择已正确连接监听的声卡驱动，如图 4.25、图 4.26 所示。

2) 渲染模式（监听模式）设置

单击菜单栏—文件—渲染模式设置可以修改工程的渲染模式（监听模式），

图 4.25　偏好设置

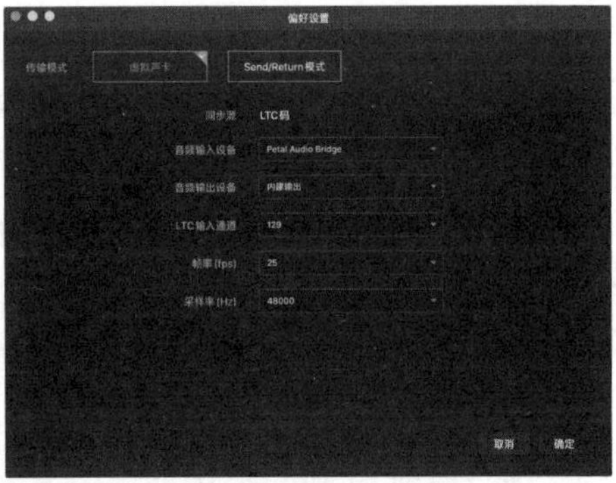

图 4.26　窗口传输模式(工作模式)选择窗口

如图 4.27、图 4.28 所示。

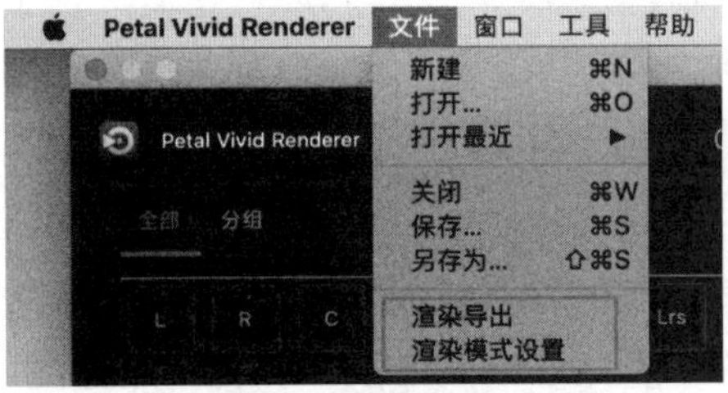

图 4.27　渲染模式(监听模式)设置

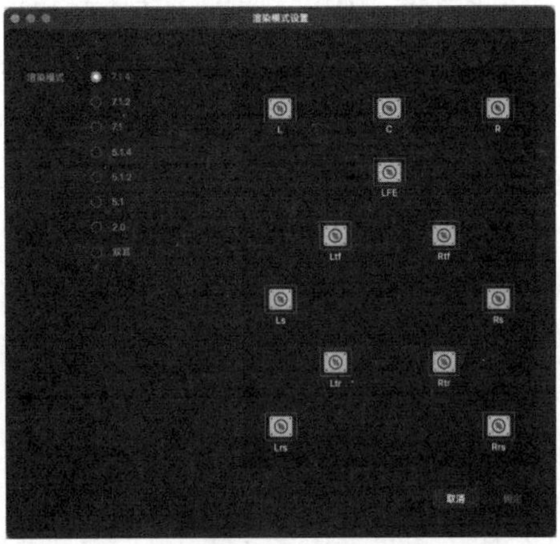

图 4.28　渲染模式(监听模式)设置窗口

3）渲染导出

工程录制完成后单击主界面右上方的“渲染导出”按钮，可以进行工程渲染导出(Re-Rendererring)，此功能与菜单栏—文件—渲染导出相同。渲染导出窗口如图 4.29 所示。

在渲染导出工程之前，用户可以在窗口上部的“录制时间”处再次选择要渲染的时间段。窗口的左侧可以勾选需要被渲染的通道，右侧支持设置文件名称、渲染模式、输出的文件格式、采样率、位深和文件导出路径，如图 4.30 所示。

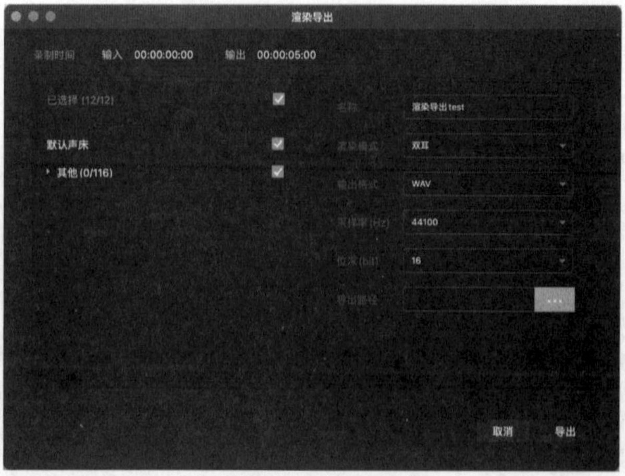

图 4.29　渲染导出

图 4.30　渲染导出设置

Petal Vivid Renderer 支持上下渲染，即可以把文件从原来的通道制式按一定算法重新转换为更多或者更少通道的制式。在渲染模式中可以设置从 7.1.4 布局到双耳八种不同的制式。

Petal Vivid Renderer 有 WAV、ADM BWF、MP4(AV3A)三种输出格式，采样率支持 44 100 Hz 到 96 000 Hz 四种格式，位深可选 16 bit、24 bit。

ADM BWF(Audio Definition Model Broadcast Wave Format)是一种扩展的音频文件格式，用于支持沉浸式和三维音频内容的制作和传输。其中，ADM(Audio Definition Model)是一种用于描述包括对象音频、声道音频、场景音频等在内的，复杂的音频场景的元数据模型。ADM 可以定义音频的空间属性(如位置、移动轨迹)、声音对象的属性(如音量、扩散度)以及与音频内容相关的其他信息。而 BWF(Broadcast Wave Format)是基于 WAV 文件格式的扩展，广泛用于广播和专业音频领域。BWF 在标准 WAV 文件的基础上增加了元数据块，包含了有关音频内容的更多信息，如时间码、描述性文本等。ADM BWF 是基于 BWF 标准的，因此与许多现有的音频制作和播放系统兼容，能够无缝集成到现有的音频工作流程中，同时提供对高级音频场景的支持。

MP4(AV3A)与普通 MP4 在编解码技术和性能方面有显著差异。相比之下，MP4(AV3A)采用了 AV3A 视频编码标准，这是一种新型的高效视频编码技术，专为高清(HD)、超高清(UHD)、虚拟现实(VR)和增强现实(AR)等应用而设计。AV3A 在保持高视频质量的同时，显著提高了压缩效率，特别是在高分辨率和高动态范围(HDR)场景中表现出色。这意味着在相同的带宽或存储空间下，使用 AV3A 作为音频编码能够在保证三维声节目内容封装的同时，提供更高质量的视频内容。

音频编码方面，普通 MP4 通常采用 AAC(Advanced Audio Coding)音频编码器，也可以使用其他如 MP3、ALAC(Apple Lossless Audio Codec)等音频编码器。而 MP4(AV3A)可能使用 AV3A 定义的音频编码标准，以确保音、视频编解码的统一和优化。

在完成所有渲染导出设置之后单击“确定”，文件渲染导出完成，如图 4.31 所示。

4) 输出设置

单击菜单栏—窗口—输出设置，可以选择各通道对应的音箱。启用主界面的双耳监听时，右侧双耳的输出设置才会激活，如图 4.32 所示。

图 4.31 渲染导出完成

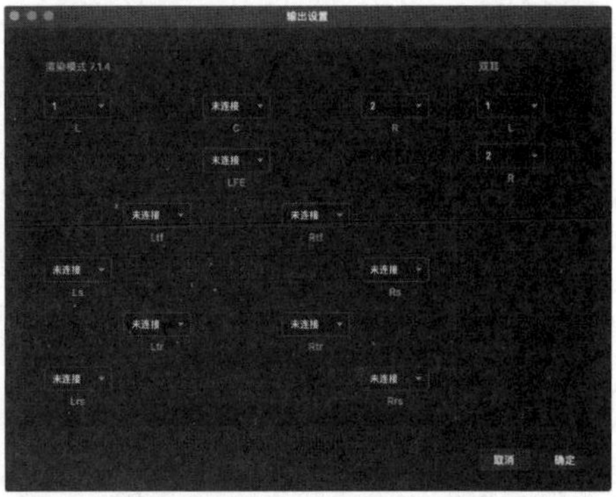

图 4.32 输出设置

5) 格式转换

本工具支持将 ADM 格式的文件转换为 MP4(AV3A)、AV3A 格式。单击

“添加文件”并选择需要进行格式转换的文件，添加成功后会在下方视窗中显示，最高可添加 100 个文件。底部栏中可编辑输出文件路径、输出格式、渲染模式、码率、通道压缩，如图 4.33 所示。

6）视频合并

单击“添加”按钮可添加要合并的音频和视频，该工具支持将 AV3A 格式的音频以及 MP4 格式的视频合并为 MP4(AV3A)，左侧栏可编辑输出文件名称、渲染模式、通道压缩、码率及输出文件路径，如图 4.34 所示。

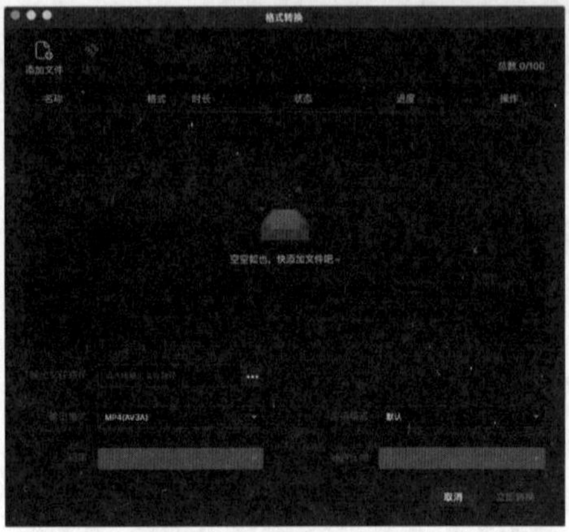

图 4.33　格式转换

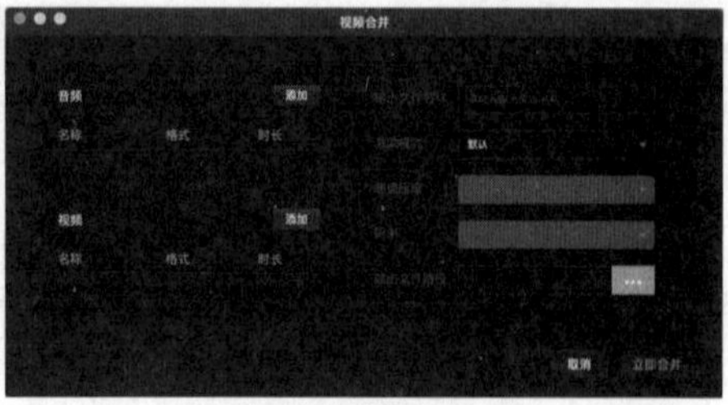

图 4.34　视频合并

4.1.2　Petal Vivid Panner

Petal Vivid Panner 是花瓣三维声的组件之一，支持对已挂载该插件的音频进行空间位置编辑并将编辑后的音频与空间位置信息传入 Petal Vivid Renderer 进行空间渲染。

Petal Vivid Panner 的主界面包含连接与状态区域、空间编辑与展示区域、功能旋钮区域以及步进功能区域，如图 4.35 所示。

1. 连接与状态区域

Petal Vivid Panner 主界面的上部是连接与状态区域。通过设置“选择对象”可以修改发送至 Petal Vivid Renderer 使用的通道序号，如图 4.36 所示。

勾选“声床”可以激活动态声床和静态声床的切换，如图 4.37 所示。

通过最右侧“Renderer”信号灯可以观测 Petal Vivid Panner 与 Petal Vivid

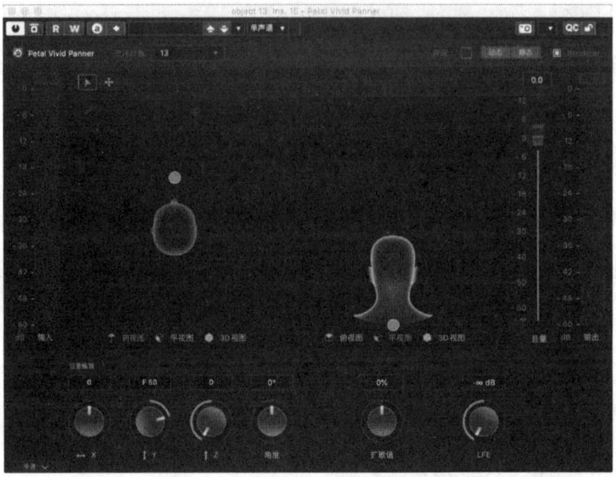

图 4.35　Petal Vivid Panner 的主界面

图 4.36　连接与状态区域

图 4.37　声床状态

Renderer 的连接状态,绿灯亮起表示连接正常。单击信号灯弹出服务端口弹窗,可以查看 Petal Vivid Panner 当前使用的服务端口、控制层端口以及数据层端口,如图 4.38 所示。

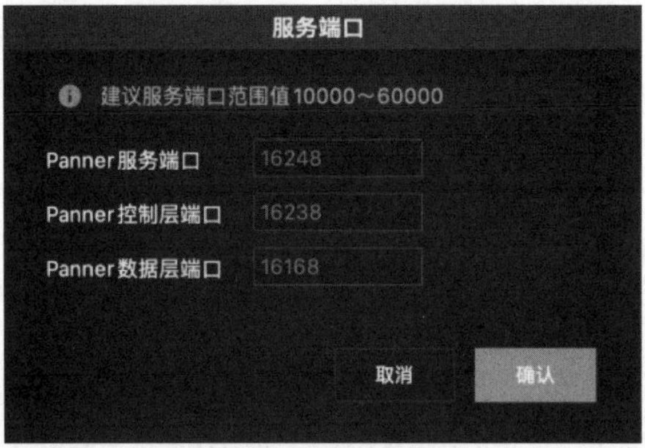

图 4.38　服务端口

2. 空间编辑与展示区域

Petal Vivid Panner 的中部是空间编辑与展示区域，如图 4.39 所示。

通过左、右两侧电平表可以查看输入、输出信号的电平，拖动右侧推子可以修改输出电平。

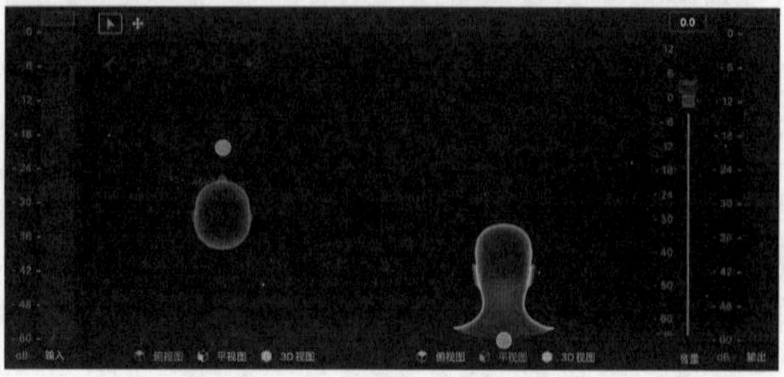

图 4.39　空间编辑与展示区域

视图中部是声源信号在三维空间下的展示与编辑区，如图 4.40 所示。俯视图模式提供了铅笔等绘制工具。3D 视图模式提供半圆峰顶外环、半圆峰谷外环、拱门峰顶内环、拱门峰顶外环四个控制方式，可以对声源可移动的范围进行限制。

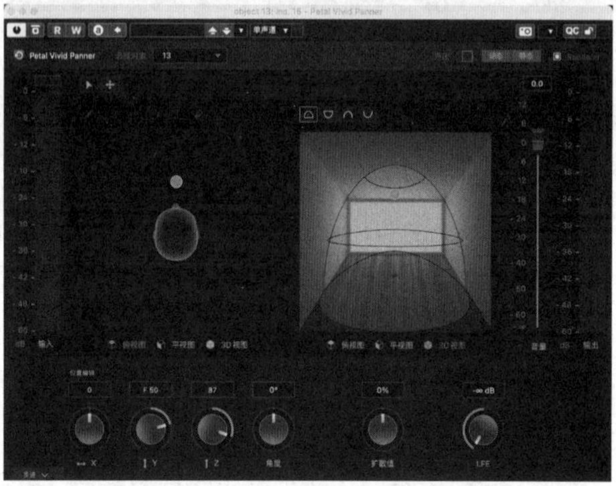

图 4.40　三维空间下的展示与编辑区

3. 功能旋钮区域

Petal Vivid Panner 的下部是功能旋钮区域，支持对声源位置（XYZ）、角度、扩散值的设置和自动化写入，并支持发送 LFE，如图 4.41 所示。在位置编辑操作上，用户可以通过转动旋钮或者直接拖动空间编辑区的声源点来写入位置信息。

图 4.41 功能旋钮区域

4. 步进功能区域

步进功能(Stepping Function)是一种在音频设备或软件中常见的控制功能，主要用于逐步调整参数值，精确控制音频设置，如图 4.42 所示。Petal Vivid Panner 的步进功能在主界面的左下方，单击“步进”的小三角按钮即可完整显示。

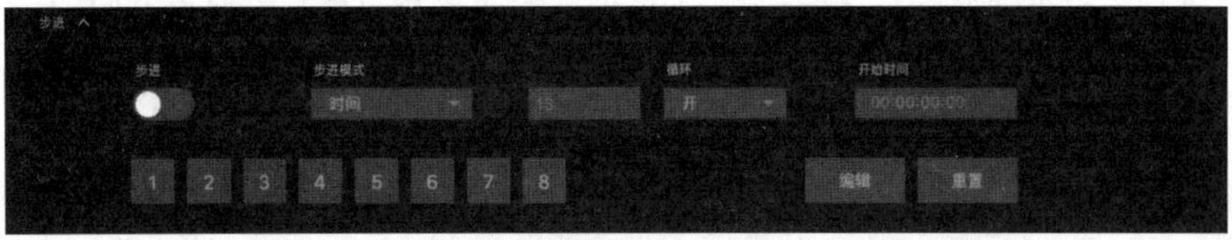

图 4.42 步进功能区域

步进功能默认处于关闭状态，单击左侧“步进”按钮即可激活。此时步进的设置仍呈灰色，即处于不可编辑的状态，单击右下角的“编辑”按钮即可进入编辑模式。此外，已修改的数据也可以通过“重置”按钮来恢复默认值。

Petal Vivid Panner 的步进功能提供了时间和节拍两种模式，最多支持 8 组步进。在节拍步进模式下，用户可以自由设置每一步的拍值，支持从十六分音符到三十二拍的拍值设置。时间步进模式支持 1～100 s 的时间范围，可以手动输入数值，也可以通过输入栏左侧的旋钮进行调整。

步进功能中的“开始时间”是一个非常有用的控制参数，允许用户在 DAW 中指定某个步进效果的起始时间。通过精确设定步进的起始时间和具体方式，用户可以实现自动化的、模块化的参数预设，确保声音对象在正确的时间点开始并以设定好的声音轨迹进行声像移动。

此外，步进功能默认开启循环模式，即循环播放启用了步进控制的区域，用户可以手动设置关闭该功能。

在步进功能设置完成后，单击“完成”即可保存设置。

4.1.3　Petal Vivid Return

Petal Vivid Return 是花瓣三维声的组件之一，能在 Send\Return 模式下将 Petal Vivid Renderer 渲染后的信号路由到 DAW 对应的总线中。

图 4.43 是 Petal Vivid Return 的主界面。

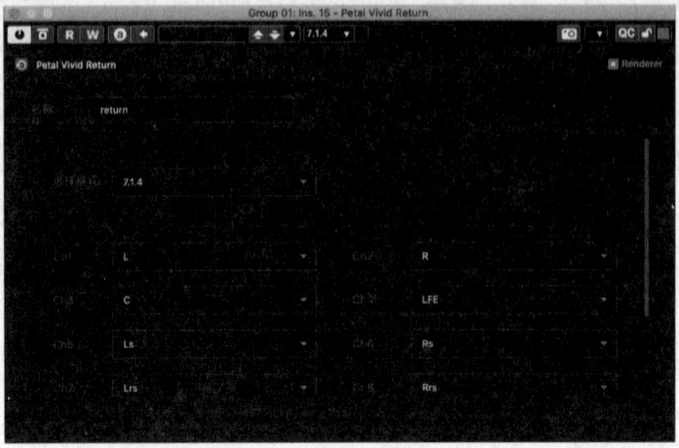

图 4.43　Petal Vivid Return 的主界面

通常最右侧 Renderer 信号灯可以观测 Petal Vivid Return 与 Petal Vivid Renderer 的连接状态，绿灯亮起表示连接正常。单击信号灯弹出服务端口弹窗，可以查看 Petal Vivid Return 当前使用的服务端口、控制层端口以及数据层端口。

主界面面板中可以修改名称，选择渲染模式(通常与渲染器自动同步，不需要修改)，为各通道信号选择对应的输出端口。

注意，该组件仅在 Send\Return 模式下方可使用。在虚拟声卡模式下本窗口页面将显示“不支持当前编辑：当前为虚拟声卡模式”，用户需要去 Petal Vivid Renderer 的菜单栏—Petal Vivid Renderer—偏好设置中修改工作模式。

4.2　在 DAW 中使用花瓣三维声进行菁彩声内容制作

4.2.1　三维声制作的理念

在三维声制作中有许多重要的概念，以下主要介绍声床、对象以及数字音频工作站的概念。

1. 三维声制作中声床与对象的意义与作用

声床和对象是声音设计中的两个关键概念，广泛应用于电影、电视、游戏等多媒体作品中，虽然它们都涉及声音的使用，但其功能和特点各不相同。在用花瓣三维声进行声音制作时可以参考以下原则。

声床是基于多声道母线的(例如基于 7.1.4 母线)，也可以是基于三维声的，但它通常被应用于电影或游戏中的背景音乐或背景音效，例如环境、氛围音效。它的作用不是为了引起观众的特别注意，而是为观众搭建更好的声音场景。例如，当你在观看一部恐怖电影时，耳边低沉、持续的背景音乐会让你感到紧张和不安，这就非常适合使用声床来进行制作。声床通常是连续不断的声音，犹如一条长长的音乐或环境音效的“床垫”，悄无声息地铺在整个场景下，营造特定的情感或环境氛围。可见，虽然声床也能提供三维声的听觉体验，但通常仅作为对话或主要声音的衬托或铺垫。在混音设计中，声床往往用于呈现各种形式的背景声音，如自然环境中的鸟鸣声、风声，或烘托气氛的背景音乐，增强观众的情感共鸣。由于这些内容不需要精确的点位与声音轨迹，即便在相差比较大的上下混中(如 9.1.6 到 5.1.2)，也不会对声音内容的表达带来太大的负面影响。

与声床相对的对象是用于表达具体的、独立的声音事件，例如电影中的开门声、枪声或脚步声等。它们往往有明确的开始和结束，通常用于表现特定的动作或事件，并且往往需要与画面准确对点。声音对象的种类多样，可以是相对短暂的音效，从动物的叫声、机器的运转声等，也可以是音乐中某个声部或者某件乐器。它们的作用往往是突出声音，吸引观众的注意力，来实现叙事的表达或事件的推进。由于对象是在终端回放中根据实际音箱布局专门渲染的，因此可以保证与工作室较为一致的回放效果，确保创作者的意图能准确地呈现给观众。

声床和对象在实际应用中各有其独特作用。声床在作品中，常被用来塑造场景与情感氛围，主要用来实现沉浸感。声音对象主要利用其精确的定位感与准确声音轨迹，来展现三维声精彩的表现力。

总体而言，虽然声床和对象在声音设计中所起的作用不尽相同，但他们两者相辅相成共同为听众构建出完整而丰富的听觉体验。不论是应用于声音作品中，还是应用于结合了视觉的多媒体作品中，它们都使得声音设计有了更大的创作空间并且让声音的呈现变得更加生动有趣，特别是在电影的紧张时刻或游戏的冒险旅程中，三维声的沉浸式体验效果都为我们带来了丰富的视听享受。

2. 三维声制作中的监听模式选择

在三维声制作中，监听模式的选择具有重要意义，它不仅影响混音师在制作过程中的判断，还直接关系到作品的最终效果与用户体验。

(1) 三维声制作的核心是准确的声音定位和空间声场。通过切换不同的监听模式，混音师可以更好地模拟和预判不同的听音环境。例如，使用耳机监听可以准确感知双耳立体声效果，而使用环绕声系统则有助于体验和调整空间音效的环绕感和深度。

(2) 不同的监听模式可以帮助混音师检查混音的一致性和可移植性。在三维声制作中，音频可能在多种设备和环境中播放，如家庭影院、移动设备和公共场所。通过在不同的监听模式下进行试听，混音师可以确保作品在各种播放环境中都能保持良好的回放一致性，以确保作品准确表达。

(3) 不同的监听模式能够暴露出在单一监听模式下可能未被察觉的问题。例如，某些频率的不平衡或定位的偏差可能在耳机或近场监听中不明显，但在远场或环绕声系统中却十分突出。通过切换监听模式，工程师可以更全面地识别和修正这些问题，确保音频质量。

(4) 使用多种监听模式有助于创作团队之间更高效地进行沟通与调整。不同监听模式之间的无缝切换为身处异处的团队成员之间的审听提供了重大便利，团队的反馈使得混音师或声音设计师可以快速发现问题并进行相应调整，从而提高制作效率和准确性。特别是复杂的三维声，其在工作室与现场所呈现的是不同的效果，因此多种模式监听是创作团队重要的、高效的辅助功能。

(5) 用户最终可能使用不同设备和听音环境来聆听三维声音频内容。通过在制作过程中使用多种监听模式，可以更好地模拟用户的听音情况，从而优化音频内容以满足不同听众的需求。这不仅提升了用户体验，还提升了音频内容的普适性和受欢迎程度。

总的来说，在三维声制作中选择不同的监听模式是确保音频质量、提高制作效率和优化用户体验的重要手段。通过这种方式，工程师可以在多维度上对音频进行全面检查和调整，确保最终呈现的音频效果达到最佳。

3. 动态与响度控制

动态范围是指音频信号中最大和最小部分之间的电平差异。响度是指音频信号的感知音量，即人所感觉到的声音强度。由于目前音乐回放体系涉及的内容存在较大的差异，回放设备与环境也比较复杂，并且用户的音量选择往往也比较主观甚至随意，所以目前尚且没有一个统一的工业标准，因此下文以电影工业为例，以供大家参考。

在电影工业中，整体的动态范围通常在 60 dB 到 80 dB 之间，这反映了从最安静到最响亮部分的差异。为了保证声音内容的准确还原，电影制作中的标准参考响度通常设定为 85 dB SPL（声压级），最大峰值响度一般控制在 105 dB SPL，终混的监听系统中也以这个响度进行系统校准。此外，电影对话的平均电平一般在 −20 dBFS（相对于数字满量程），确保对话清晰，而电影音频的峰值电平通常不超过 −2 dBFS，以防止削波失真。

目前比较广泛采用 LUFS 或 LKFS（Loudness, K-weighted, Relative to Full Scale）来表示响度。电影声音的目标响度通常设定为 −24 LKFS，这一标准由 ATSC A/85 和 EBU R128 推荐，用于确保不同节目之间响度的一致性。此外，为了避免数字音频信号在 D/A 转换后产生的过载失真，真实峰值电平标准设定在 −2 dBTP（dB True Peak）。

这些标准确保了电影声音在各种播放环境中都能保持一致的音量和清晰度，不仅保护了听众的听力，还优化了整体的观影体验。通过遵循这些规范，电影的声音内容能够在不同的但符合标准的播放设备和环境中呈现出高质量的回放效果，使观众获得较好的视听感受。

这些规范主要应对的是在实际应用中过大的动态范围可能导致某些细节难以听清，以及过小的动态范围则会使声音失去层次感和表现力的问题。适当的动态范围管理可以避免过大的音量变化，使听众在长时间聆听中感到舒适，不需要频繁调整音量，同时还可避免音频信号中的突发高音量对听众的听力造成损害。此外，良好的动态范围控制能提升音频制作的整体专业水平和听觉效果，使音频信号在不同的播放设备和环境中都能获得较好的音质表现。此外，现在许多广播和流媒体平台都对音频动态范围有特定的要求，遵守这些标准不仅能保证作品的表现力，还可以确保音频内容顺利通过审核和分发。

以下是动态和响度控制的主要原则：

（1）应尽量保持音频信号的自然感，不应过度压缩导致声音失真。

（2）避免信号超过设备处理能力的峰值，防止失真和损坏设备。

（3）在不影响整体音质的情况下，适当提高较低电平的细节，使其在各种播放环境中都可以尽可能清晰地被听到。

4.2.2　基于 DAW 的三维声制作

花瓣三维声在不同的数字音频工作站中的操作稍有不同，以下是详细的设置操作步骤。

1. Nuendo \Cubase 中的三维声制作

1）渲染模式设置

打开 Petal Vivid Renderer，在初始弹窗中选择所需的渲染模式，如图 4.44 所示。

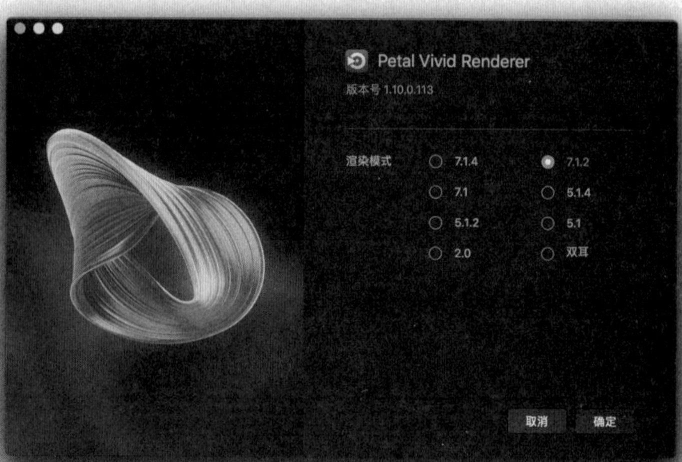

图 4.44　Petal Vivid Renderer 初始界面

2）Petal Vivid Renderer 工作模式设置

单击菜单栏—Petal Vivid Renderer—偏好设置，根据需求选择虚拟声卡(Audio bridge)模式或者 Send\Return 模式，如图 4.45 所示。工作模式选择的原则详见第 4 章第 2 节工作模式部分。

（1）选用虚拟声卡模式时，Petal Vivid Renderer 会创建一个内部虚拟音频

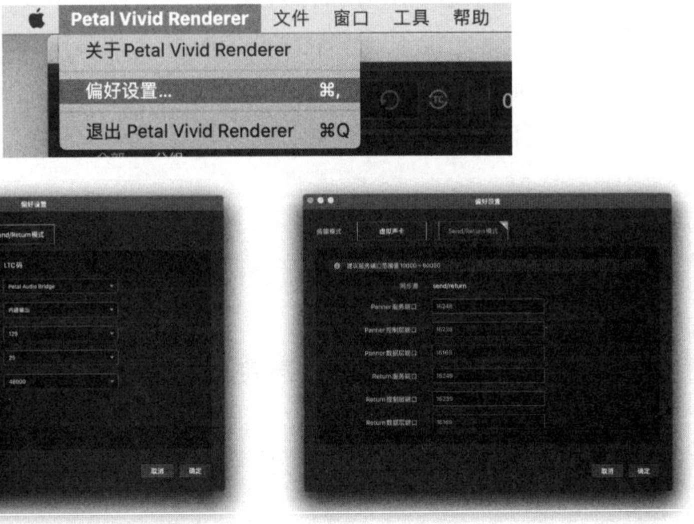

图 4.45　Petal Vivid Renderer 工作模式设置

桥(Petal Audio bridge)用于接收 Nuendo 中获取的信号。用户应将音频输入设备选择为 Petal Audio bridge。

在该模式下,Petal Vivid Renderer 将自动选用 Nuendo 发送的 LTC 为同步源,默认 LTC 输入通道为 129,用户也可手动修改为 130。

选择已连接好的音箱阵列或耳机的声卡为音频输出设备。

根据 DAW 中工程的参数设置帧率和采样率。目前 Petal Vivid Renderer 只支持 48 000/96 000 Hz 两种采样率。

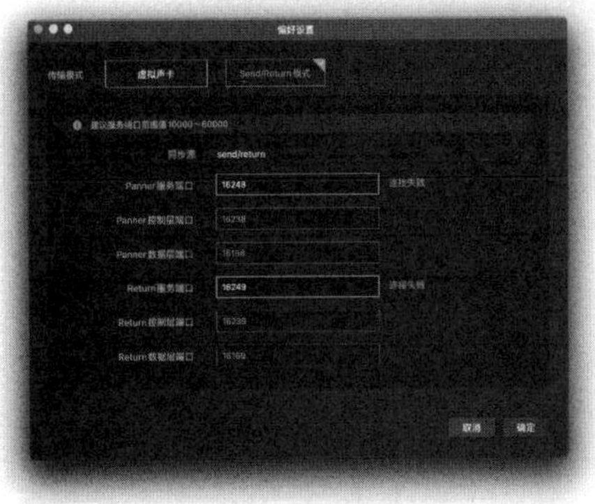

图 4.46　Send\Return 模式—连接失败

(2) 选用 Send\Return 模式时,界面会显示 Panner 和 Return 服务端口“连接失败”,这是因为我们还没有在 Nuendo 中插入 Petal Vivid Panner 和 Petal Vivid Return,软件无法找到端口,在正确添加以后便会显示为“正常”,如图 4.46 所示。

单击“确定”,完成工作模式选择。

(3) 创建工程。打开 Nuendo，如图 4.47 所示。此处以 Nuendo 为例(Cubase 的操作完全相同)。

在选定位置创建空白工程，注意保证 Nuendo 和 Petal Vivid Renderer 的工程采样率统一。

用户也可以在模版中选择所需的预设模版。

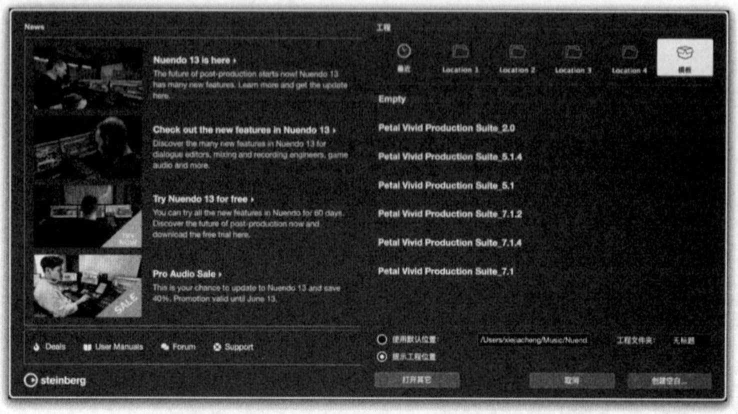

图 4.47　Nuendo 初始界面

如果用户在创建工程前没有先打开 Petal Vivid Renderer 设好渲染模式和工作模式，打开 Nuendo 时会显示如下弹窗，说明工程的总线输出未找到映射端口，用户须返回完成上文，进行相应设置，如图 4.48 所示。

图 4.48　Nuendo—未找到端口

以 7. 1. 4 工程预设为例，创建工程后的主界面如下。该预设中包含一个名为“Petal Vivid Bed”的 7. 1. 4 声床轨道，一个名为“LTC”的时间码轨道，以及“object”系列的单声道对象轨道。工程预设中的所有轨道已经在 Nuendo 菜单栏的工作室—音频连接中新建并路由好了对应的总线，用户可以在此基础上根据自己的使用需求进行修改，如图 4. 49 所示。

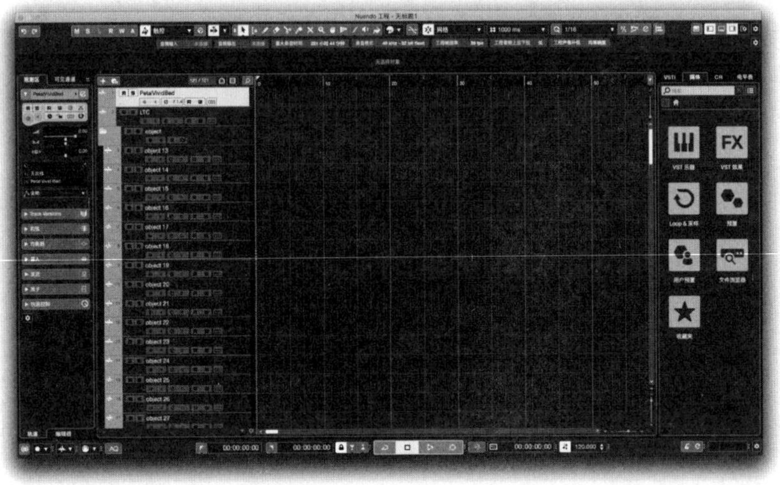

图 4. 49　Nuendo 编辑界面

选择从空白工程开始搭建的用户也可以参考以下模板：首先，新建一条 7. 1. 4 的编组轨道作为声床轨道，建议命名为“PetalVividBed”。然后，新建一条单声道音频轨作为时间码轨道，建议命名为“LTC”。最后，新建若干条单声道或双声道（具体配置根据用户需求选择）音频轨或编组轨作为声音对象轨道，建议以“object”系列进行命名。如果用户需要将多个音频轨的内容，视作一个声音对象进行渲染时，则需要将该声音对象轨配置为编组轨，并把相关音频轨统一输出到该编组轨；如果声音内容简单，则直接使用音频轨作为声音对象轨即可。后续会介绍如何为工程搭建总线及进行相关设置。

（1）虚拟声卡模式下的设置。打开 Nuendo 菜单栏的工作室—工作室设置，在左侧设备栏中选择音频系统，选择“Petal Audio Bridge”为 ASIO 驱动，如图 4. 50 所示。

不要关闭工作室设置，在左侧设备栏中选择音频系统下方的“Petal Audio

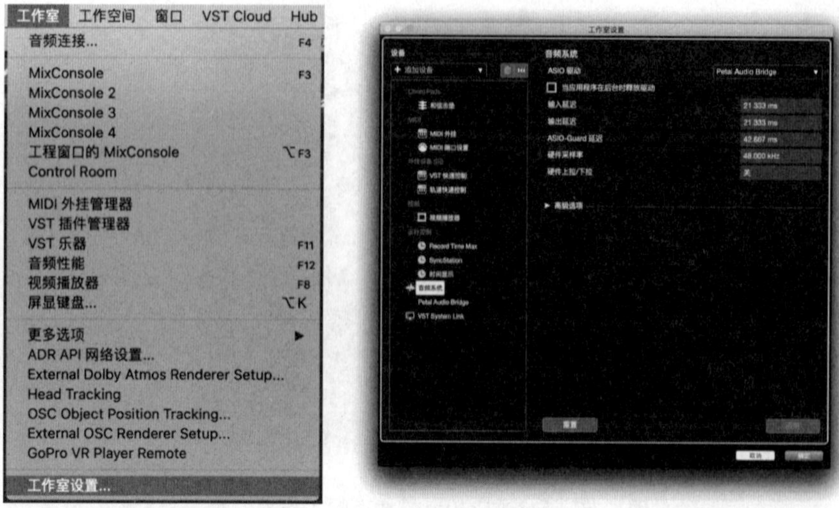

图 4.50　工作室设置

Bridge”，打开控制面板，将“Buffer Size”设置为“512”（或“1024”），如图 4.51 所示。

图 4.51　工作室设置—控制面板

（2）Send\Return 模式下的设置。打开 Nuendo 菜单栏的工作室—工作室设置，在左侧设备栏中选择音频系统，在 ASIO 驱动选择框中选择已连接好的音箱阵列或耳机的声卡驱动，如图 4.52 所示。

不要关闭工作室设置，在左侧设备栏中选择音频系统下方已正确连接监听的声卡驱动，打开控制面板，将“Buffer Size”设置为“512”（或“1024”），如图 4.53 所示。

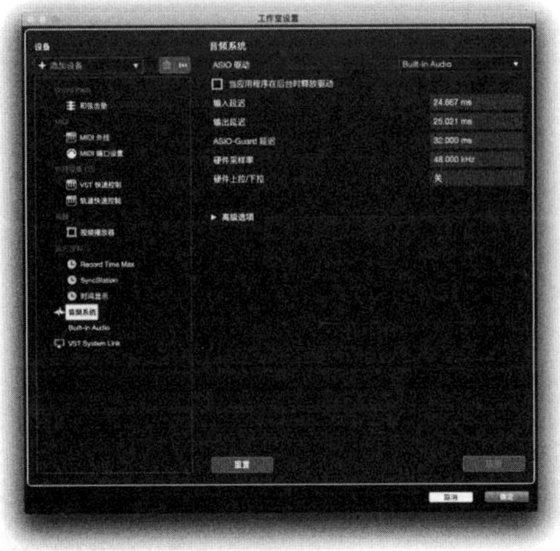

图 4.52 Send\Return 模式下的工作室设置

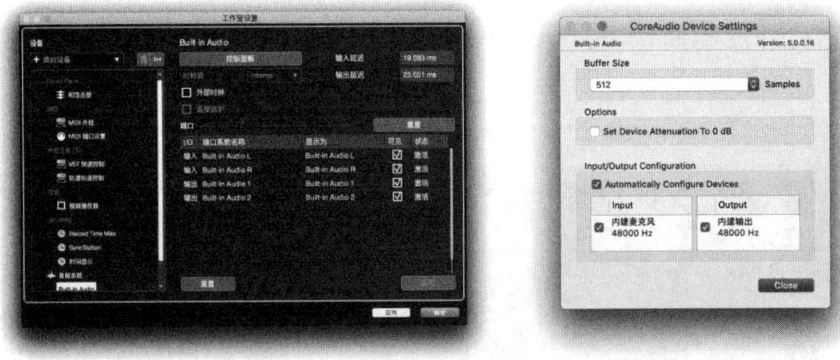

图 4.53 Send\Return 模式下的控制面板设置

(3) Send\Return 模式下的组件设置。注意，选用虚拟声卡模式的用户请忽略本部分。

在 Send\Return 模式中，Petal Vivid Renderer 主要负责的是声音对象的发送、渲染和返回，正常情况下不做声床的信号分配，也无需同步发送 LTC 码。

该模式的总线输出设置由用户自定义，但需要对应用户实际配置的音箱制式或耳机监听制式，并正确选择声卡以及跳线。

建议为所有的声音对象添加一条编组轨道，在该轨道上插入 Petal Vivid Return。检查 Petal Vivid Renderer 是否连接正常，窗口右上角信号灯为绿色即可。返回的渲染模式默认与 Petal Vivid Renderer 的渲染模式相同，用户可以在窗口修改，也可改为双耳模式。

选中需要进行发送渲染的对象轨道，在DAW插槽的推子后插入Petal Vivid Panner，检查其与Petal Vivid Renderer是否连接正常，窗口右上角信号灯为绿色即可。

打开Petal Vivid Renderer窗口检查信号是否已成功截流。

单击窗口左上角的“W”写入自动化按钮，在播放工程的同时进行声像操作即可写入自动化。

（4）总线输出设置。

① 空白工程的总线创建。打开菜单栏—工作室—音频连接，单击输出栏，删除当前显示的不必要的总线。

以7.1.4为例，单击“添加总线”，创建一条7.1.4配置的总线作为默认声床输出，建议命名为“Petal Vivid Bed”（参考预设模板），如图4.54所示。将该总线的音频设备设置为“Petal Audio Bridge”，此时设备端口将自动分配，但建议用户自行检查是否有误，或根据实际情况自定义修改。

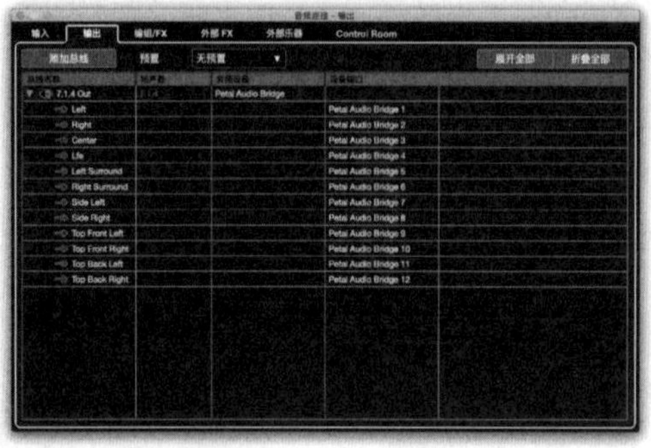

图4.54　总线创建

单击“添加总线”，创建一条单声道配置的总线作为LTC时间码输出，建议命名为“LTC”，将该总线的音频设备设置为“Petal Audio Bridge”，设备端口为“Petal Audio Bridge129”。

单击“添加总线”，创建若干条总线作为声音对象输出，配置和数量自定，建议命名为“object”系列。将该总线的音频设备设置为“Petal Audio Bridge”，设备端口为未被占用的端口。建议将轨道、总线、设备端口的名称、编号进行统一，方便之后查找。

② 预设工程的总线修改。如果用户使用的是预设模板，则仅需在原先的总线基础上进行修改。打开菜单栏—工作室—音频连接，单击输出栏，检查音频设备是否为“Petal Audio Bridge”，设备端口是否正确连接。

在预设模板中，无需修改总线输出的声床和 LTC 总线，删改声音对象时，建议将对应的轨道、总线一并删除。注意，创建立体声对象需占用两个端口，需将对应端口的总线一并删除。用户也可以将所有声音对象总线删除，然后根据自己的需求重新添加，操作与上文相同，此处不作赘述。

默认情况下，总线输出的声床和 LTC 总线位于列表底部，用户可以右击，将其设置为“总在顶端”以方便查看。

(5) LTC 设置。在 Nuendo 的 LTC 轨道中插入 LTC 时间码发生器插件。

预设工程的 LTC 轨道中已自动插入了“Steinberg”的“SMPTEGennerator”作为发生器。以该插件为例，打开插件设置窗口，选择模式为“Link To Transport”。

回到 Petal Vivid Renderer，单击左上角录制键旁边的“TC”按钮。

播放工程，检查 Nuendo 和 Petal Vivid Renderer 之间的时间码是否同步。

(6) 虚拟声卡模式下的组件设置。选中声床轨和需要进行发送渲染的对象轨，在推子后插入 Petal Vivid Panner，检查其与 Petal Vivid Renderer 是否连接正常，窗口右上角信号灯为绿色即可。

插入插件时可以在右上角三角处将其设置成“按厂家排序”，并在“Huawei”中找到两个组件，如图 4.55 所示。

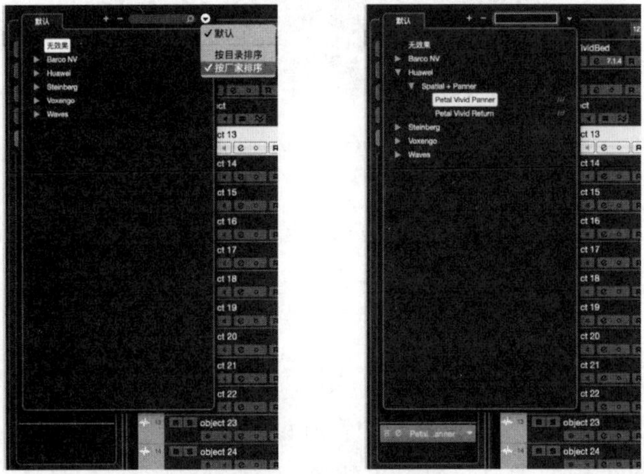

图 4.55　插入插件

播放工程，打开 Petal Vivid Renderer 窗口检查信号是否已成功截流，如图 4.56 所示。注意轨道中要有音频内容，没有音频信号时只能在对象管理视窗中看到对象的声源位置。

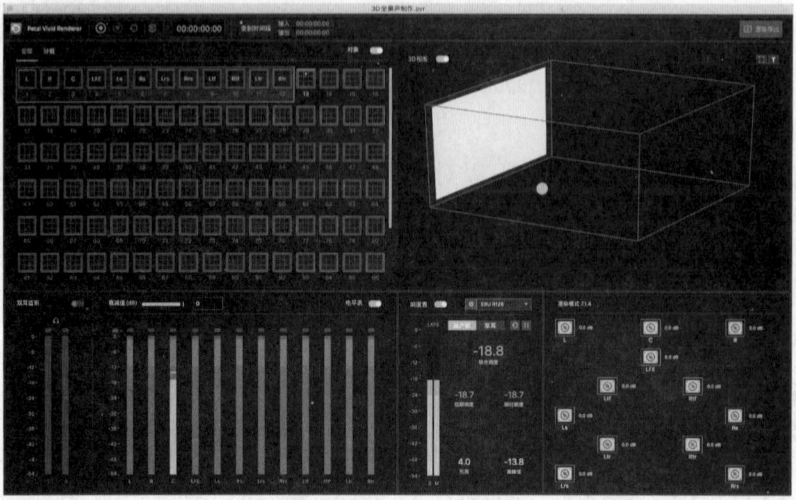

图 4.56　信号截流成功

用户也可以通过在对象轨道中插入信号发生器来进行测试，注意要在播放状态下使用信号发生器进行测试，才会在 Petal Vivid Renderer 处观察到信号，如图 4.57 所示。要实时关注监听响度设置，以保护听力。

图 4.57　插入信号发生器

(7) 声像自动化写入。打开 Petal Vivid Panner 设置窗口，单击左上角的"W"写入自动化按钮，在播放工程的同时在窗口中进行声像操作，即可写入自动化。

窗口中部是声源信号在三维空间下的展示与编辑区，有俯视图、平视图、3D视图三种观察模式。其中，在俯视、平视模式中，用户可以直接通过拖动声源点位置来写入，俯视图模式提供了铅笔等绘制工具，如图4.58所示。3D视图模式提供半圆峰顶外环、半圆峰谷外环、拱门峰顶内环、拱门峰顶外环四个控制方式，可以对声源可移动的范围进行限制。但3D视图中无法通过拖动声源点位置来写入。

窗口下部是功能旋钮区，可以对位置的XYZ值进行较为精细的独立调整。此外也支持对角度、扩散值的设置和自动化写入，并支持发送LFE，如图4.59所示。

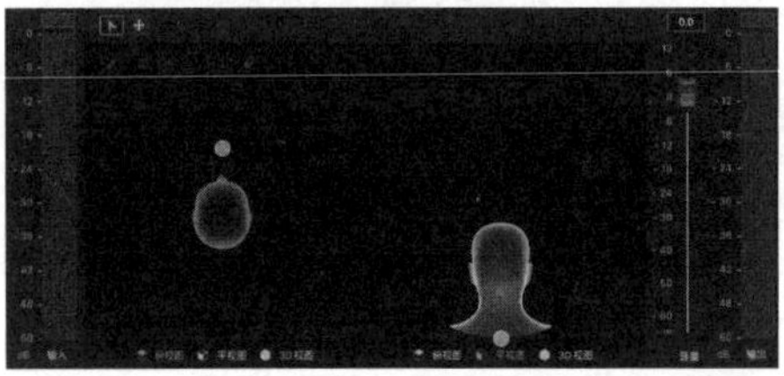

图4.58　声像自动化写入1

图4.59　声像自动化写入2

(8) 工程录制。借助Petal Vivid Renderer主界面最上方的区域可以进行信号录制，“录制”“停止”及“重置”按钮可以控制录制的进行，中间的时间码视窗可以随时监测光标时间，如图4.60所示。

图4.60　工程录制1

单击“录制时间段”按钮，设置输入和输出的时间码，如图4.61所示。

图4.61　工程录制2

单击“录制”将询问工程文件的保存路径。录制开始后Petal Vivid Renderer的时间码并不会开始计时，当切换至DAW窗口并开始播放工程后，时间码随 DAW 变化。

单击“停止”后工程文件自动保存到先前设置的文件路径。

(9) 渲染导出。工程录制完成后主界面右上方的“渲染导出”按钮亮起，可以进行工程渲染导出（Re-Renderering)，菜单栏—文件—渲染导出的功能与此相同。渲染导出窗口如图 4.62 所示。

图 4.62　渲染导出

在渲染导出工程之前，用户可以在窗口上部的“录制时间”处再次选择要渲染的时间段。窗口的左侧可以勾选需要被渲染的通道，右侧支持设置文件名称、渲染模式、输出的文件格式、采样率、位深和文件的导出路径，如图 4.63 所示。

图 4.63　渲染导出设置

Petal Vivid Renderer 支持上下渲染，即可以把文件从原来的通道制式按一定算法重新转换为更多或者更少通道的制式。在渲染模式中可以设置 7.1.4 至双耳八种不同的制式。

Petal Vivid Renderer 有 WAV、ADM BWF、MP4(AV3A)三种输出格式，采样率支持 44 100 Hz 到 96 000 Hz，位深可选 16 bit、24 bit。

(10) ADM 导入。Petal Vivid Renderer 不兼容 ADM 格式的文件，所以在导入文件之前要先使用 Petal Vivid Renderer 内置的工具进行格式转换。

打开 Petal Vivid Renderer 的菜单栏—工具—格式转换，单击“添加

ADM 文件”，设置输出文件路径、输出格式、渲染模式，单击“立即转换”即可。

2. Protools 中的三维声制作

1）渲染模式设置

打开 Petal Vivid Renderer，在初始窗口中选择所需的渲染模式，如图 4.64 所示。

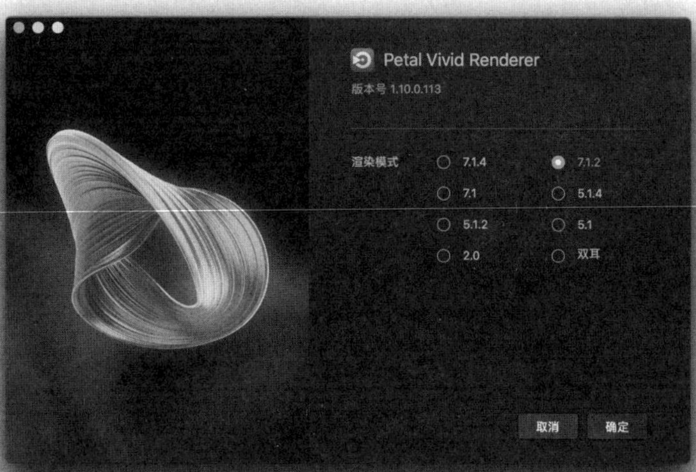

图 4.64 Petal Vivid Renderer 初始界面

2）Petal Vivid Renderer 工作模式设置

单击菜单栏中的“Petal Vivid Renderer”并选择“偏好设置”，然后根据需求选择虚拟声卡模式或 Send\Return 模式。有关工作模式选择的详细原则，请参见第 4 章第 2 节的“工作模式”部分，如图 4.65 至图 4.67 所示。

图 4.65 偏好设置

图 4.66　Petal Vivid Renderer 工作模式设置 1

图 4.67　Petal Vivid Renderer 工作模式设置 2

(1) 当选择虚拟声卡模式时，Petal Vivid Renderer 会创建一个内部虚拟音频桥（即 Petal Audio Bridge）来接收来自 Pro Tools 的信号。用户应将音频输入设备设置为 Petal Audio Bridge。

在该模式下，Petal Vivid Renderer 会自动使用 Pro Tools 发送的 LTC 作为同步源，默认的 LTC 输入通道为 129，用户也可以手动修改为 130。

选择当前使用的监听设备作为音频输出设备，默认设置为内建输出。

根据 Pro Tools 工程的参数设置帧率和采样率。

(2) 选用 Send\Return 模式时，界面会显示“Panner 和 Return 服务端口连接失败”，这是因为我们还没有在 Pro Tools 中插入“Petal Vivid Panner”和“Petal Vivid Return”，软件无法找到端口，稍后将解决这一问题，如图 4.68 所示。

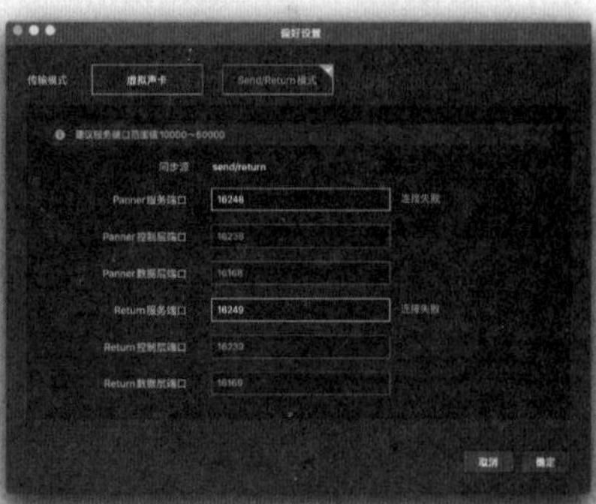

图 4.68　连接失败

单击“确定”，完成工作模式选择。

3) 创建工程

打开 Pro Tools，在选定位置创建空白工程，注意保证 Pro Tools 和 Petal Vivid Renderer 的工程采样率统一，如图 4.69 所示。

4) 设置音频系统 ASIO 驱动

(1) 虚拟声卡模式下的设置。打开 Pro Tools 菜单栏的设置—播放引擎，在设备—播放引擎中选择“Petal Audio Bridge”，如图 4.70 所示。

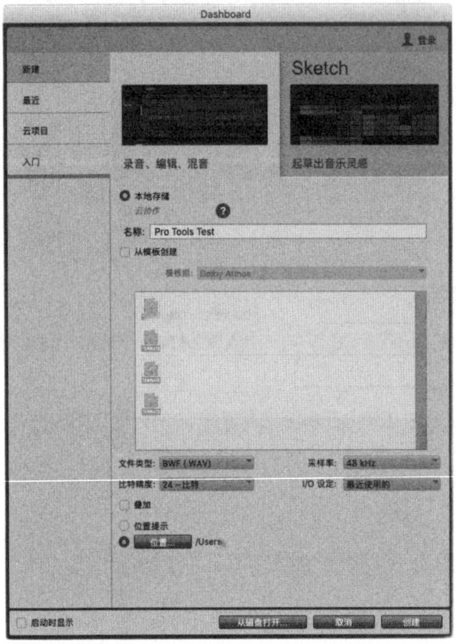

图 4.69　Pro Tools 初始界面

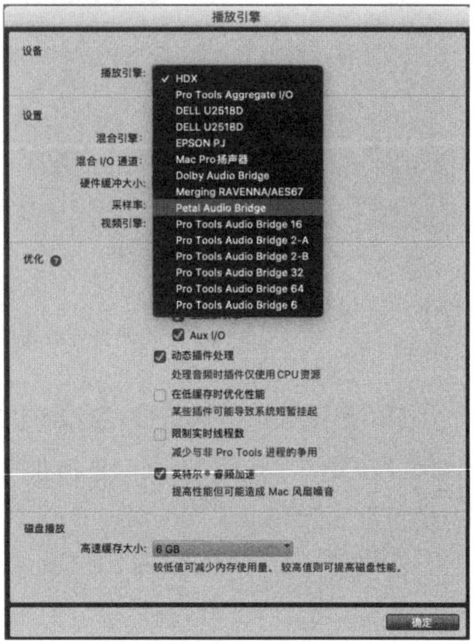

图 4.70　播放引擎设置

在设置完播放引擎后，Pro Tools 将自动保存当前工程并退出 Pro Tools，单击“是”后重新打开 Pro Tools，继续设置该工程，如图 4.71 所示。

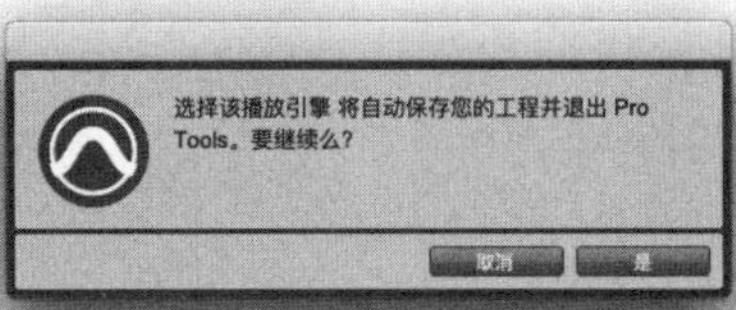

图 4.71　重启 Pro Tools

在设置—硬件缓冲大小中选择“512”(或“1024”)，如图 4.72 所示。

(2) Send\Return 模式下的设置。打开 Pro Tools 菜单栏的设置—播放引擎，在设备—播放引擎中设置已正确连接监听的声卡驱动为播放引擎。

在 Pro Tools 保存并重启后，仍打开菜单栏的设置—播放引擎，在设置—硬件缓冲大小中选择“512”(或“1024”)。

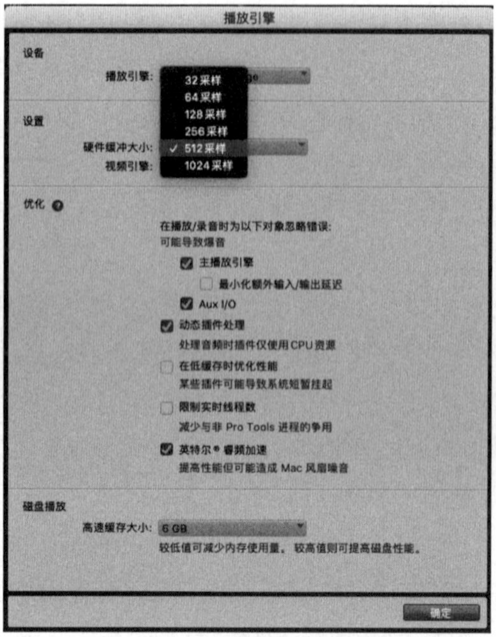

图 4.72　硬件缓冲大小设置

5) Send \Return 模式下的组件设置

注意，选用虚拟声卡模式的用户请忽略本部分。

在 Send\Return 模式中，Petal Vivid Renderer 正常情况下主要负责的是声音对象的发送、渲染和返回。该模式的总线输出设置由用户自定义，但主要结构依然为对应配置的音箱输出或监听耳机输出，并将音频设备设置为自己的声卡。

添加一条 Aux 轨道作为信号返回轨道，在该轨道上插入 Petal Vivid Return。检查其与 Petal Vivid Renderer 的连接是否正常，窗口右上角信号灯为绿色即可。用户可以在窗口修改返回的渲染模式，默认与 Petal Vivid Renderer 的渲染模式相同，也可改为双耳模式。

选中需要进行发送渲染的对象轨道，在插入一推子后插入 Petal Vivid Panner，检查其与 Petal Vivid Renderer 是否连接正常，窗口右上角信号灯为绿色即可。

打开 Petal Vivid Renderer 窗口检查信号是否已成功截流。

打开 Petal Vivid Panner 设置窗口，单击上方“自动”下的插件自动化设置按钮(图标为两个小方框相叠)。在插件自动化窗口中,左侧是可加入自动化的几个参数。选中需要进行自动化的参数单击“增加”,所选参数就会出现在右侧已启用自动化的栏中。单击“确定”结束设置。

回到编辑窗口,将所需轨道的状态设置为“写入”。此时单击该轨道的“录音准备”按钮,在播放工程的同时在 Petal Vivid Panner 进行相应操作即可写入自动化。

写入的自动化数据并不会直接显示在轨道上,用户需要将轨道的显示选中为 Petal Vivid Panner 的某一参数,才可以在轨道中看见自动化数据,并可以对其进行修改。

其余 DAW 操作与平常的制作并无差别,本文不做赘述。

6) 输出路径设置

打开菜单栏—设置—I/O,单击输出栏,删除当前显示的不必要的路径。

以 7.1.2 为例,单击新路径,创建一条 7.1.2 配置的路径作为默认声床输出,建议命名为“Petal Vivid Bed”。将输出路径设置为“Petal Audio Bridge”的“1 - 10”通道。

单击“添新路径”,创建一条单声道配置的路径作为 LTC 时间码输出,建议命名为“LTC”,将输出路径设置为“Petal Audio Bridge”的“129”通道。

单击“添新路径”,创建若干条路径作为声音对象输出,配置和数量自定,建议命名为“object”系列。将输出路径设置为未被占用的端口 11 - 128。建议统一轨道、总线、输出路径、设备端口的名称、编号,方便之后查找,如图 4.73 所示。

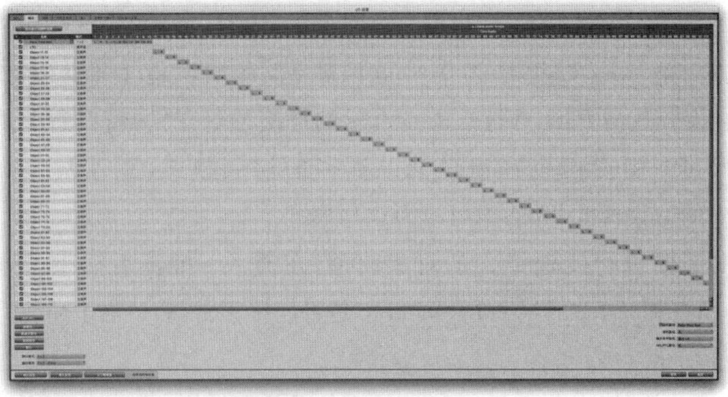

图 4.73 输出路径设置

7）总线设置

打开菜单栏—设置—I/O，单击“总线栏”，删除当前显示的不必要的总线。

以 7.1.2 为例，单击新路径，创建一条 7.1.2 配置的总线用于连通声床轨道和输出端口，建议命名为“Petal Vivid Bed”。勾选“映射到输出”，选择映射到先前建立的“Petal Vivid Bed”输出路径，如图 4.74 所示。

图 4.74　总线设置

单击“添新路径”，创建一条单声道配置的总线用于连通 LTC 时间码的轨道和输出端口，建议命名为“LTC”。勾选“映射到输出”，选择映射到先前建立的“LTC”输出路径，如图 4.75 所示。

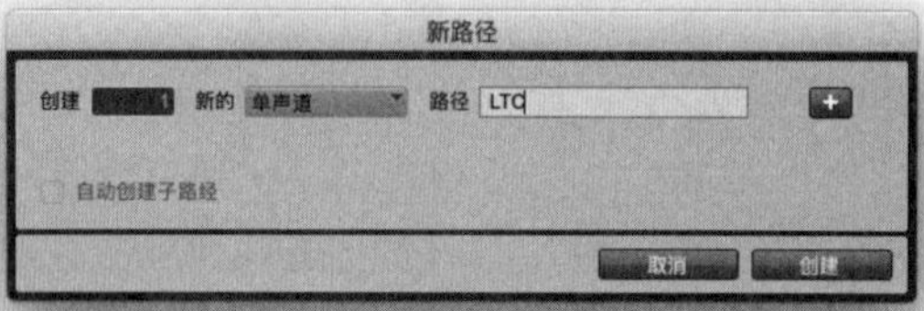

图 4.75　新路径

单击“添新路径”，创建若干条单声道或双声道（此处配置根据用户需求决定，注意输出路径的配置要与总线及之后的轨道都保持一致）配置的总线用于连通声音对象的轨道和输出端口，建议以“object”系列命名。勾选“映射到输出”，选择映射到先前建立的“object”输出路径。

单击“确定”，完成 I/O 设置。

8）轨道设置

回到 Pro Tools 的编辑窗口，根据上述输出路径建立对应的轨道。

以 7.1.2 为例，新建一条 7.1.2 的 Aux 轨作为声床轨，形式为采样，建议名称为“Petal Vivid Bed”，注意与路径、设备端口的名称、编号进行统一。将该轨道的 I/O 输出设置为输出—Petal Vivid Bed(7. 1. 2)—Petal Vivid Bed，这意味着这轨信号将经由“Petal Vivid Bed(7. 1. 2)”总线路由至“Petal Vivid Bed”输出端口，并通过与之对应的虚拟声卡的 1 - 10 通道路由至 Petal Vivid Renderer，如图 4. 76、图 4. 77 所示。

图 4.76 新建声床轨道

图 4.77 轨道输出设置

新建一条单声道音频轨作为 LTC 时间码发送轨，形式为采样，建议名称为“LTC”。将该轨道的 I/O 输出设置为输出—“LTC”，如图 4. 78 所示。

图 4.78 新建 LTC 时间码轨道

新建若干条单声道或双声道的音频轨或 Aux 轨作为声音对象轨，形式为采样，建议以“object”系列命名。将该轨道的 I/O 输出设置为输出—

“Object ××”,如图 4.79 所示。如果用户需要将多个音频轨的内容视作一个声音对象进行渲染时,则需要将该声音对象轨配置为 Aux 轨,并把相关音频轨统一输出到该 Aux 轨;如果声音内容简单,则直接使用音频轨作为声音对象轨即可。

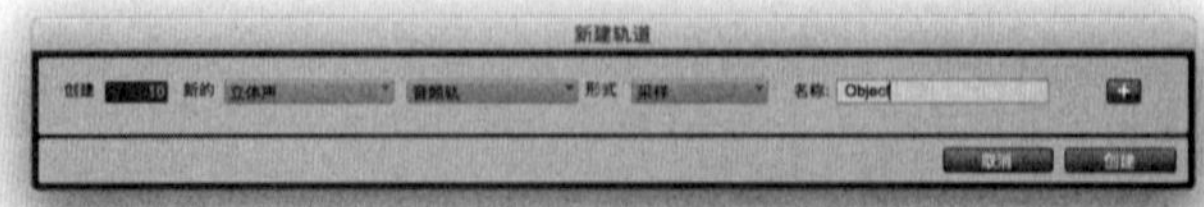

图 4.79　声音对象轨道

由于自动新建的轨道名称默认从 1 开始排序,需要手动对其进行重命名,使轨道、总线、输出路径的名称相对应,便于查找,如图 4.80 所示。

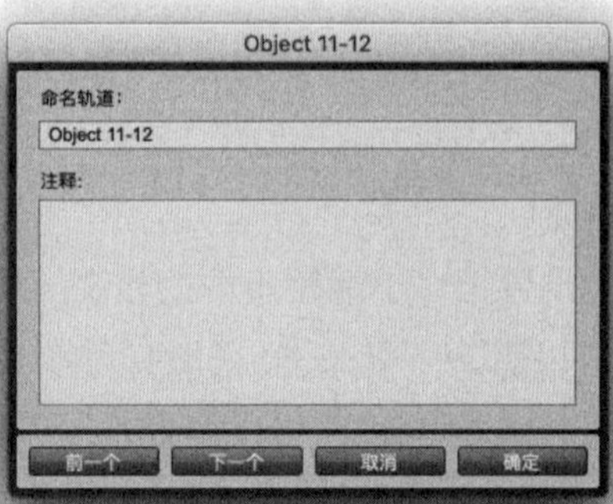

图 4.80　轨道重命名

I/O 输出设置完毕后,轨道激活,如图 4.81 所示。

9) LTC 设置

在 Pro Tools 编辑窗口的 LTC 轨道中插入 LTC 时间码发生器插件。

10) 虚拟声卡模式下的组件设置

选中声床轨和需要进行发送渲染的对象轨,在推子后插入 Petal Vivid Panner,检查其与工程文件是否连接正常,窗口右上角信号灯为绿色即可。

播放工程,打开工程文件窗口检查信号是否已成功截流。注意轨道中要有音频内容,没有音频信号时只能在对象管理视窗中看到对象的声源

图 4.81 轨道设置完成

位置。

用户也可以在对象轨道中插入信号发生器来进行测试，注意使用信号发生器进行测试时，要播放状态下才会在工程文件处观察到信号。要实时关注监听响度的设置，以保护听力。

11) 声像自动化写入

Petal Vivid Panner 设置窗口中部是声源信号在三维空间下的展示与编辑区，如图 4.82 所示，有俯视图、平视图、3D 视图三种观察模式。其中，在俯视、平视模式中，用户可以直接通过拖动声源点位置来写入，俯视图模式提供了铅笔等绘制工具。3D 视图模式提供半圆峰顶外环、半圆峰谷外环、拱门峰顶内环、拱门峰顶外环四个控制方式，可以对声源可移动的范围进行限制。但 3D 视图中无法通过拖动声源点位置来写入。

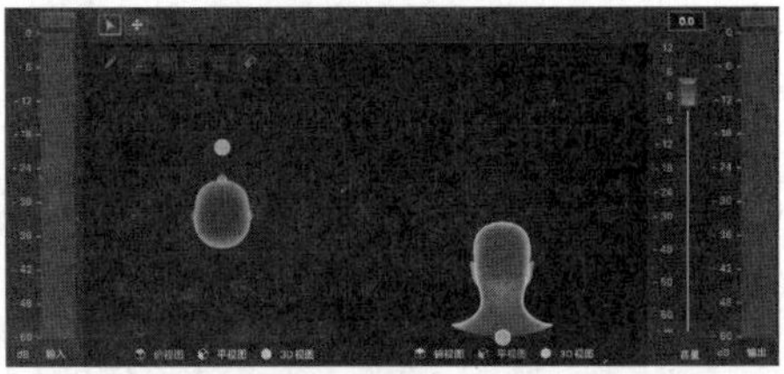

图 4.82 展示与编辑区

窗口下部是功能旋钮区，可以对位置的 XYZ 值进行较为精细的调整。此外也支持对角度、扩散值的设置和自动化写入，并支持发送 LFE，如图 4.83 所示。

图 4.83　功能旋钮区

打开 Petal Vivid Panner 设置窗口，单击上方插件的自动化设置按钮，如图 4.84 所示。

图 4.84　画板设置窗口

在插件自动化窗口中，左侧是可加入自动化的几个参数，如图 4.85 所示。

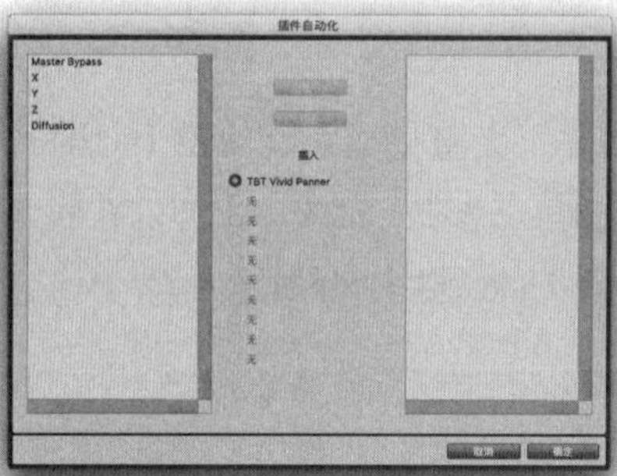

图 4.85　插件自动化窗口

选中需要进行自动化的参数(此处以 XYZ 为例，用户可以自行选择)，单击“增加”，所选参数就会出现在右侧已启用自动化的栏中。单击“确定”结束设置，如图 4.86 所示。

回到编辑窗口，将所需轨道的状态设置为“写入”，如图 4.87 所示。此时单击该轨道的录音准备按钮，在播放工程的同时在 Petal Vivid Panner 进行相应操作，即可写入自动化。

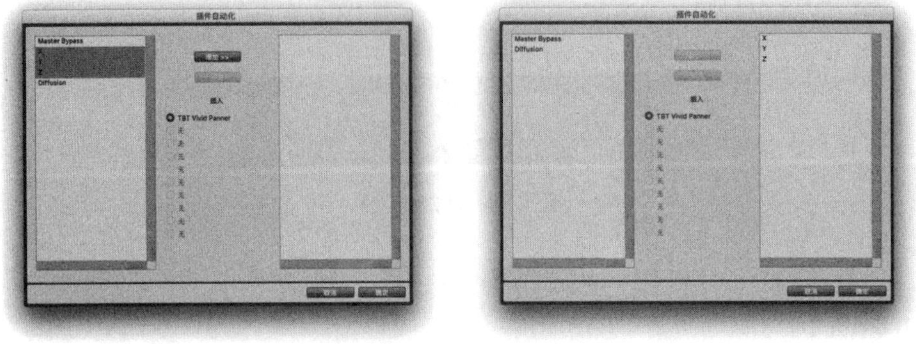

图 4.86 插件自动化窗口

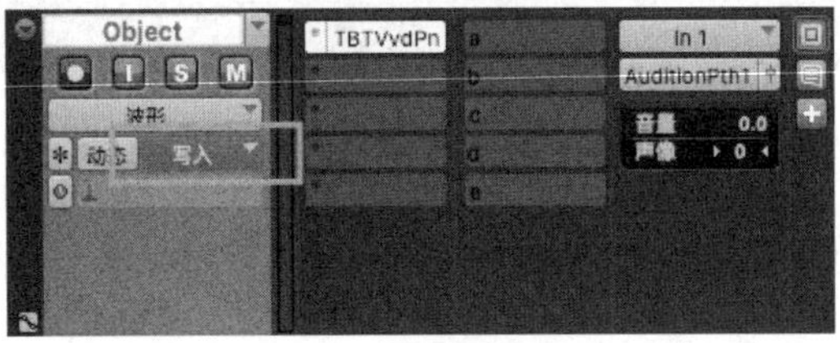

图 4.87 “写入”状态

写入的自动化数据并不会直接显示在轨道上，用户需要将轨道的显示选中为 Petal Vivid Panner 的某一参数(如 X)，才可以在轨道中看见自动化数据，并可以对其进行修改，如图 4.88、图 8.89 所示。

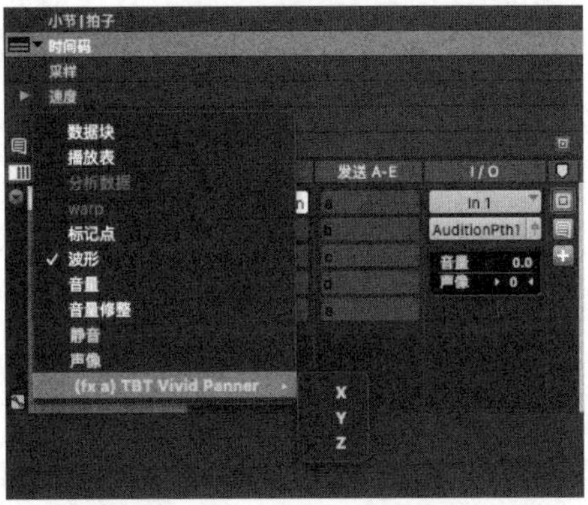

图 4.88 轨道显示设置

图 4.89 轨道显示设置

12）工程录制

在工程文件主界面的最上方区域可以进行信号录制，“录制”“停止”及“重置”按钮可以控制录制的进行，中间的时间码视窗可以随时监测光标时间，如图 4.90 所示。

图 4.90 工程录制 1

单击“录制时间段”按钮，设置输入和输出的时间码，如图 4.91 所示。

图 4.91 工程录制 2

单击“录制”将询问工程文件保存路径。录制开始后工程文件的时间码并不会开始计时，切换至 Pro Tools 窗口，开始播放工程后时间码随 Pro Tools 变化。

单击“停止”后工程文件自动保存到先前设置的文件路径。

13）渲染导出

工程录制完成后主界面右上方的“渲染导出”按钮亮起，可以进行工程渲染导出(Re-Renderering)，菜单栏—文件—渲染导出的功能与此相同。渲染导出窗口如图 4.92 所示。

在渲染导出工程之前，用户可以在窗口上部的“录制时间”处再次选择要渲染的时间段。窗口的左侧可以勾选需要被渲染的通道，右侧支持设置文件名称、渲染模式、输出的文件格式、采样率、位深和文件导出路径，如图 4.93 所示。

图 4.92 渲染导出

图 4.93 渲染导出设置

工程文件支持上下渲，即可以把文件从原来的通道制式按一定算法重新转换为更多或者更少通道的制式。在渲染模式中可以设置 7.1.4 至双耳八种不同的制式。

工程文件有 WAV、ADM BWF、MP4（AV3A）三种输出格式，采样率支持 44 100 Hz 到 96 000 Hz，位深可选 16 bit、24 bit。

14）ADM 导入

工程文件不兼容 ADM 格式的文件，所以在导入文件之前要先使用工程文件内置的工具进行格式转换。

打开 Petal Vivid Renderer 的菜单栏—工具—格式转换，单击“添加 ADM 文件”，设置输出文件路径、输出格式、渲染模式，单击“立即转换”即可。

3. 其他 DAW

在本书写作时，花瓣三维声还可在 DaVinci Resolve 上使用，具体操作参考上述内容。相信随着菁彩声的推广与普及，越来越多的 DAW 软件将支持菁彩声内容的制作。

附录

菁彩声（Audio Vivid）技术白皮书

（V1.0）

世界超高清视频产业联盟

前　　言

本文件由 UWA 联盟秘书处组织制订，并负责解释。

本文件发布日期：2022 年 8 月 29 日。

本文件由世界超高清视频产业联盟提出并归口。

本文件主要起草单位：

中央广播电视总台、中国电子技术标准化研究院、华为技术有限公司、北京抖音信息服务有限公司、央广新媒体文化传媒（北京）有限公司、赛因芯微（北京）电子科技有限公司、中视广信科技有限公司、国家广播电视总局广播电视科学研究院、国家广播电视总局广播电视规划院、中国移动咪咕公司、中国移动智慧家庭运营中心、工业和信息化部电子第五研究所、深圳市腾讯计算机系统有限公司、北京爱奇艺科技有限公司、日本夏普株式会社、中国联合网络通信集团有限公司、TCL 实业控股股份有限公司、康佳集团股份有限公司、海信视像科技股份有限公司、深圳创维- RGB 电子有限公司、青岛海尔多媒体有限公司、四川长虹电器股份有限公司、京东方科技集团股份有限公司、广州视源电子科技股份有限公司、深圳市洲明科技股份有限公司、杭州当虹科技股份有限公司、北京数码视讯科技股份有限公司、北京市博汇科技股份有限公司、优酷信息技术（北京）有限公司、北京百度网讯科技有限公司、北京小米电子产品有限公司、湖南广播电视台、广东广播电视台、北京流金岁月传媒科技股份有限公司、上海数字电视国家工程研究中心有限公司、浙江广播电视集团、浙江华策影视股份有限公司、中图云创智能科技（北京）有限公司、北京体育大学 5G 高新视频体育融合创新应用国家广播电视总局实验室、上海文化广播影视集团有限公司

本文件主要起草人：

姜文波、程多福、关朝洋、李岩、陈仁伟、李婧欣、王喆、黄传增、郭晓、吴健、

徐建新、孙剑、宁金辉、周芸、焦健波、鹿楠楠、庞超、郑强、范胜利、张建东、柳德荣、吴强、王琦、潘兴浩、谢于贵、李康敬、程志鹏、杨忠尧、单华琦、邢刚、韩建、郭佩佩、陈维、程剑、王鹏、林琳、张宏伟、杜正中、孙磊、朱子荣、李大龙、刘长滔、赵兴龙、苏运全、王海盈、徐遥令、童海、耿一丹、陈迅、顿胜堡、泮利、陈纯丹、李广宙、熊昭民、赖凡、王子谦、吴晓东、傅斌星、李沄沨、韦胜钰、谭胜淋、陈勇、董杰、周骋、邹箭宇、谢杨、曾泽君、殷惠清、王雪辉、徐扬法、陈家兴、陈左乐、陈嘉欣、江建亮、王荣芳、李法、邢怀飞、查丽、于磊、高伟标、秦宇、唐迅

免责说明:

1. 本文件免费使用,仅供参考,不对使用本文件的产品负责。
2. 本文件刷新后上传联盟官网,不另行通知。

目　　录

1. 背景

音频技术随着人们对声音还原和品质的不断追求以及科技的创新而不断发展。从历史上第一台机械留声机的出现，发展到光学唱片、磁性录音和电子录音；从单声道发展到立体声、环绕声、三维声；音频处理技术从基于纯电子技术发展到和人工智能等最新处理技术的结合，依然处于不断发展中。从用户受众角度来看，近年来，随着超高清新技术（高分辨率、高帧率、高色深、宽色域、高动态范围、三维声）的不断演进，人们对“真实”、“沉浸”的音视频体验不断得以提升。三维声技术作为超高清体验的重要组成部分，带来空间感、方位感、高还原度、高沉浸度，带给观众更具感染力的临场感、个性化和交互体验。从产业发展角度，音频与视频产业的协同发展开始提速。如电视机发展从标清电视与立体声音频、高清电视与环绕声音频发展到超高清电视与三维声沉浸式音频配套发展；同时户外大屏也同步配套三维声技术，大力推动了产业的整体发展。因此现阶段抓住发展机遇，提升音频表现能力，快速追赶国际先进水平，同时也加快满足人们对高质量音频内容消费的需求，进而提升产业促进发展。因此，三维声技术的推广具有重要的经济和社会效应。

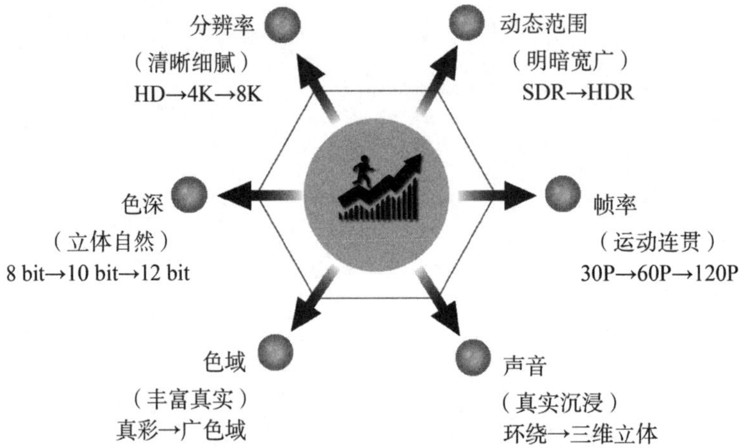

附图 1　声音是超高清视频六维技术的重要组成之一

2. 技术简介

2.1 使用场景

三维声相对传统声音增加了空间感和方位感,使听众能再现在现实世界中所听到的声音,从而满足人们对声音高度还原,高度沉浸的体验需求,同时可具备个性化选择和交互体验。菁彩声(Audio Vivid)解决声音从构建到还原的整个环节,可在家庭环境、影院环境、个人、AR/VR以及车载中得以应用。

2.2 声音重现技术

为实现重现声音的空间感和方位感,技术上可以依托三种形式。第一种基于声道的方式;第二种基于声床+对象的方式;第三种方式基于声场的方式。

1. 基于声道的实现方式

该种方式需要对声道进行配置,将每个声道的音源映射到指定扬声器。该方法的局限性是一种声道配置对应一种扬声器布局,一种声道配置下的音频渲染只有在对应扬声器布局下才能获得最佳效果。

2. 基于声床+对象的实现方式

声床承载基本环境声,对象是一系列单声道音频元素和对应元数据的集合。元数据表示对象的位置,强度,大小等信息。在回放时根据元数据信息,将对象映射到一个或多个扬声器或者双耳化渲染到耳机播放,以达到想要的空间音频效果。

3. 基于声场的实现方式

声音作为一种波的属性,按照声波进行传递。对于给定时间的声场,每点均可以通过多个声波场的压力函数来表示。当获得该空间中该点的压力值时,便可对空间中的声音进行重构。为了确保和提升基于声场的音频质量,需要对该点的压力函数的各个系数准确获取以提高声场空间系数的编码质量。Higher Order Ambisonics (HOA)是一种定义在球体表面上的3D声场建模格式,可以在任何设备(如耳机、扬声器、音箱)上对声场实现准确捕获、处理和重构。HOA系统性能随着HOA阶数的增加而增加,但HOA信号数量也随之增加,因此需要信号处理技术和能力不断增加,如AI等新技术的引入。

4. 扬声器重放

三维声重放环境在三维声音频制作中发挥着重要作用。扬声器使用数量的多少在很大程度上影响着最佳听音的区域范围，如扬声器数量少，最佳听音的区域范围也就越小，两者呈正相关。

5. 双耳渲染

三维声的重放也可以依托耳机得以实现。为此，为了使这一技术的性能和优势得以充分发挥和体现，这需要对以上三种三维声实现方式进行双耳渲染，从而使普通立体声耳机可以聆听三维声音频。双耳渲染技术更好地推动三维声的普及，也是 VR/AR 场景三维声呈现的主要渲染技术。

3. 菁彩声(Audio Vivid)解决方案

3.1 菁彩声(Audio Vivid)引入

世界超高清视频产业联盟(UWA)牵头，与 AVS 编解码标准协同，联合产业端到端生态，推动发布菁彩声(Audio Vivid)技术团体标准草案，旨在快速推动超高清视频产业发展，提升超高清视频核心关键技术标准影响力。

对比业界现有的三维声技术，三维菁彩声(Audio Vivid)技术标准的目标是面向全球，技术先进，是一个更加开放的、具备产业安全要求的技术标准和方案，同时产业生态政策友好，更加适合超高清产业生态各方进行端到端的产业部署。在各方的联合支持下，现阶段三维菁彩声(Audio Vivid)技术标准已经完成了端到端的体系建设，将进入市场规模使用。

3.2 解决方案

菁彩声(Audio Vivid)涉及工具，芯片，电视机、手机等终端，平台等多方因素。集成场景如下图所示：

其中菁彩声(Audio Vivid)标准覆盖内容生成和内容重放相关的编解码和渲染部分。目前标准涉及的端到端生态包括：内容制作，内容编码，终端解码与渲染等。

3.3 技术原理

菁彩声(Audio Vivid)针对不同的信号类型采用不同的技术工具对输入信号进行编解码。采用多声道编码技术去除多声道信号间的信息冗余。采用 HOA 空间编码技术去除 HOA 各声道信号间的空间几何信息冗余。采用基于心理声学模型的预处理和基于 AI 的量化，熵编码技术去除单声道、对象音频信号中的信息冗余。通过扬声器或耳机完成最终渲染输出。详细可参考 UWA 联盟发布的菁彩声(Audio Vivid)技术标准。

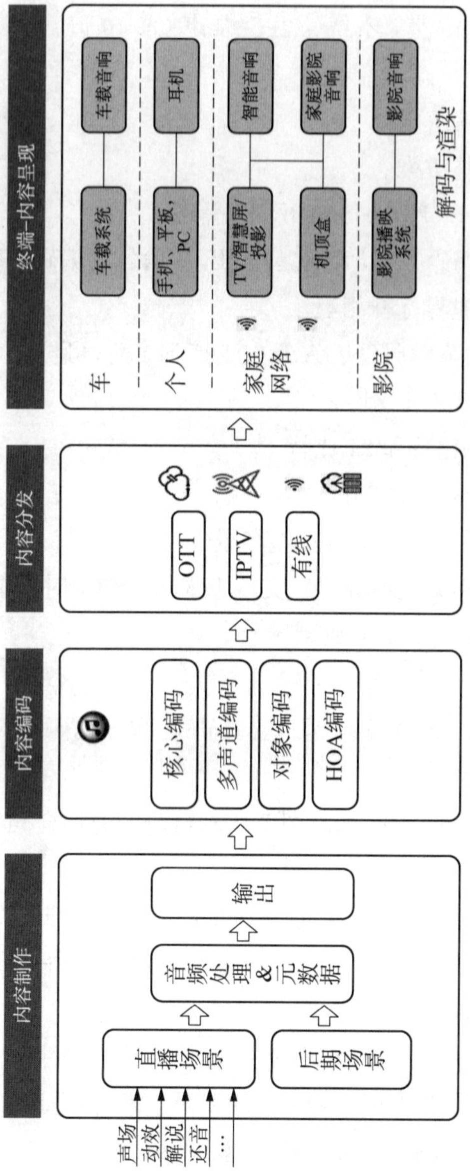

附图 2　菁彩声（Audio Vivid）集成场景

3.4 关键特性

菁彩声(Audio Vivid)技术作为全球领先的超高清音视频技术之一,具备以下关键特性

1. 支持单通道,立体声,环绕声,三维声(多声道声床,音频对象,Ambisonic 声场)
2. 支持有损和无损编解码
3. 支持扬声器和双耳渲染
4. 支持 Three degree of freedom(3DoF)呈现
5. 支持 HOA 空间编码工具,大幅提升 HOA 信号的编码效率
6. 解码器复杂度与业界标杆相当
7. 支持 16 个通道的编解码(HOA 最大支持到 3 阶,可扩展至更高阶)
8. 采样率支持 32 kHz～192 kHz
9. 量化精度支持 16 比特和 24 比特
10. 速率支持 32 kbps～1.6 Mbps
11. 编解码算法时延小于 80 ms(典型场景)
12. 最大支持 7 阶 HOA 双耳渲染,支持 128 轨音频实时渲染
13. 双耳渲染时延小于 40 ms(典型场景)

3.5 编解码方案

菁彩声(Audio Vivid)音频编码系统支持声道信号编码、对象信号编码、HOA 信号编码、元数据编码。[1]

编码器由多种编码工具构成,如附图 3 所示,包括:通用全码率音频编码工具和无损音频编码工具。

针对不同特征的音频信号或不同的应用场景,用户可以根据输入类型和码率范围,选择使用通用全码率音频编码、无损音频编码工具和元数据编码工具。

1. 通用全码率音频编码工具

采用神经网络变换、量化和熵编码技术,基于声道相关性的多声道下混和比特分配技术,基于虚拟扬声器的 HOA 空间编码技术等,适用于单声道、立体声、多声道编码、对象音频编码、混合音频编码、HOA 编码。

支持采样率 32 kHz～192 kHz,支持 16 比特和 24 比特采样精度。支持编码输出位流为:

1) 单声道/对象:32、44、56、64、72、80、96、128、144、164、192 kb/s;

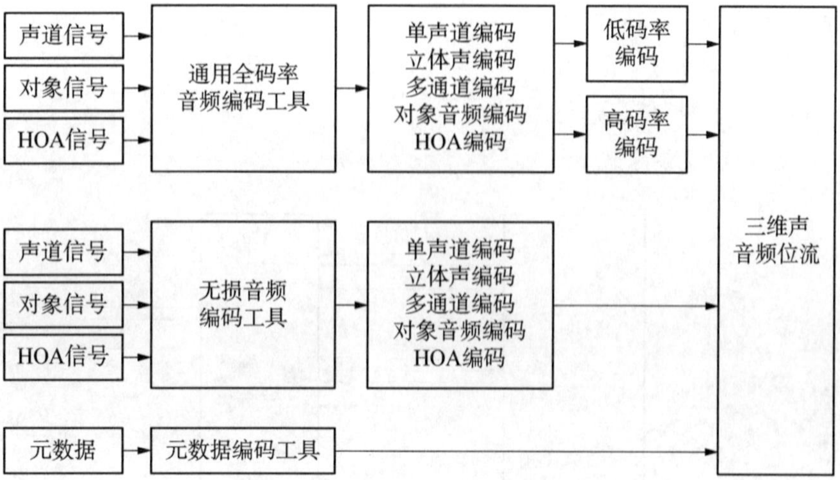

附图 3　三维声音频编码器示意图

2) 立体声:32、48、64、80、96、128、144、192、256、320 kb/s;

3) 多声道:96、128、144、160、192、256、320、384、448、512、640、720 kb/s;

4) 多声道:128、160、192、256、384、480、576、640 kb/s;

5) 三维声:176、256、384、448、576、704 kb/s;

6) 三维声:240、384、512、608、832 kb/s;

7) FOA:96、128、192、256 kb/s;

8) 2 阶 HOA:192、256、320、384、480、512、640 kb/s;

9) 3 阶 HOA:256、320、384、512、640、896 kb/s;

10) 声床+对象混合信号:以上立体声/多声道/三维声信号和单声道/对象信号码率的各种组合;

特别的,为了确保菁彩声(Audio Vivid)商用上线系统具备必要的音频质量,本白皮书针对一些典型类型音频信号给出编码码率建议如下:

1) 5.1:不小于 192 kbps,针对极高音质应用不小于 320 kps

2) 5.1.2:不小于 320 kbps,针对极高音质应用不小于 480 kbps

3) 5.1.4:不小于 384 kbps,针对极高音质应用不小于 576 kbps

4) 7.1.4:不小于 384 kbps,针对极高音质应用不小于 608 kbps

5) 每个对象:不小于 96 kbps,针对极高音质应用不小于 164 kbps

2. 无损音频编码工具

无损音频编码工具支持最多 128 声道、任意采样频率。并支持 8 比特、16

比特和 24 比特采样精度。

3. 元数据编码工具

对音频元数据信息进行编码。

4. 解码和渲染系统

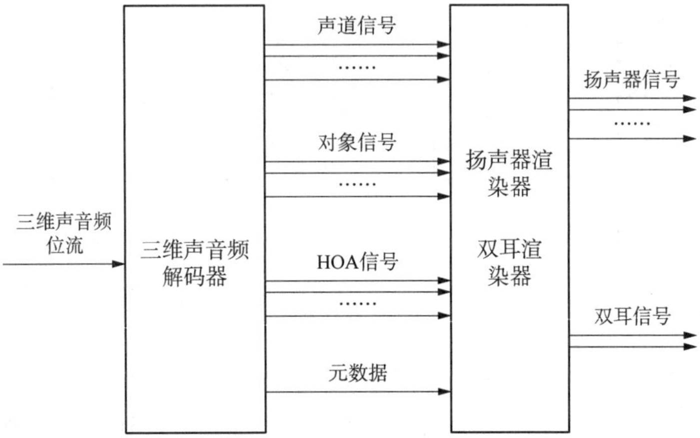

附图 4 三维声音频解码和渲染系统框架示意图

5. 通用全码率音频编解码示例

通用全码率音频编解码包括单声道编解码、立体声编解码、多声道编解码、对象编解码、混合编解码、HOA 编解码和元数据编解码。

1) 编码器架构

通用全码率音频编码器的基本构架如图 5 所示。通用全码率音频核心编码器由暂态检测、窗型判断、时频变换、频域噪声整形、时域噪声整形、频带扩展、下混、神经网络变换、量化和区间编码等构成，将声道信号和对象信号编码为位流。HOA 空间编码器和核心编码器将 HOA 信号编码为位流。元数据编码器将元数据编码为位流。

2) 解码器架构

通用全码率音频解码器的基本构架如图 6 所示。通用全码率音频解码器由区间解码、逆量化、神经网络逆变换、频带扩展解码、逆时域噪声整形、逆频域噪声整形、上混和逆时频变换等构成了核心解码器，将位流解码为声道信号和对象信号。HOA 空间解码器和核心解码器将位流解码为 HOA 信号。元数据解码器将位流解码为元数据。

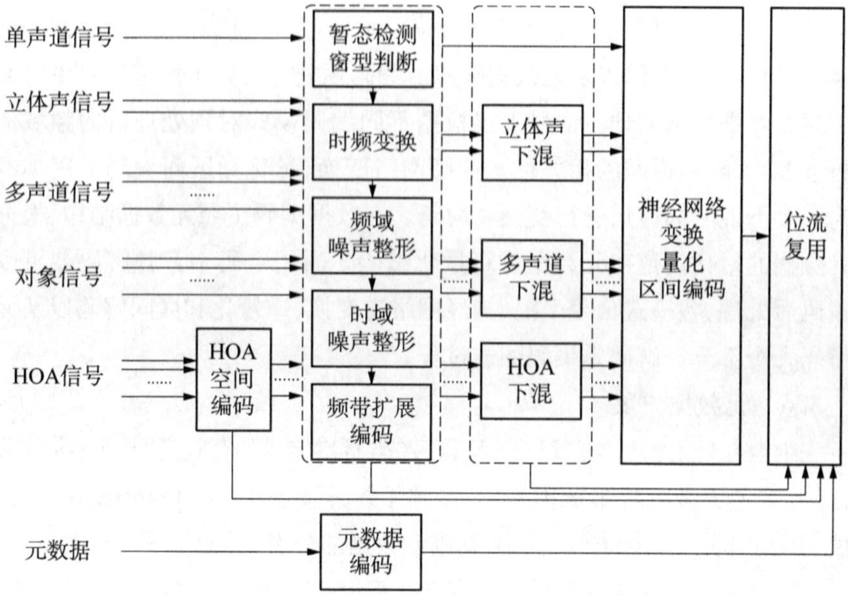

附图5 通用全码率音频编码器框架

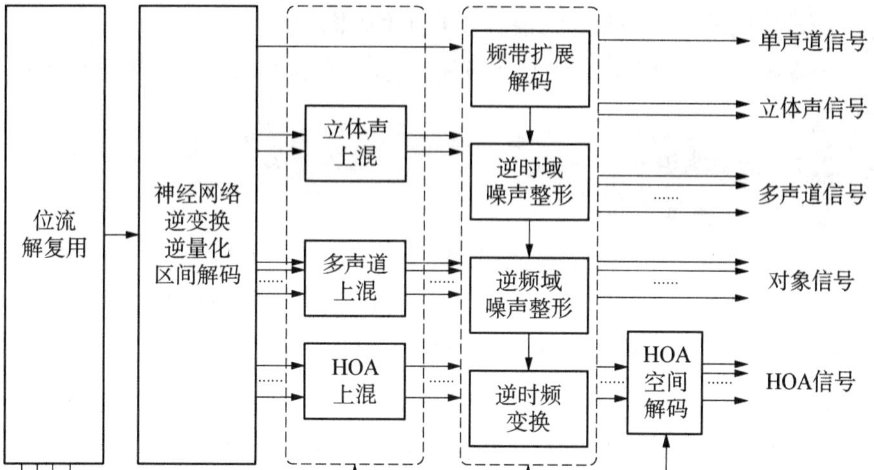

附图6 通用全码率音频解码器框架

3）流程

通用全码率音频编码器可以分为编码预处理、各模式信号下混、神经网络变换、量化和区间编码以及元数据编码。编码预处理将每个声道信号由时域变换到频域并进行预处理。信号下混根据不同编码模式对预处理后的频域信号进行下混，去除声道间的相关性。神经网络变换、量化和区间编码采用神经网络对每个下混后的声道进行变换和编码。元数据编码按照元数据结构、根据每个元数据的量化规范对元数据进行量化编码。通用全码率音频解码器可以分为编码后处理、各模式信号上混、神经网络逆变换、逆量化和区间解码以及元数据解码几个部分。解码是编码的逆过程。

3.6 元数据方案

三维声音频元数据兼容 ITU-R BS. 2076 标准定义的音频模型，并增加扩展元数据。元数据系统由两部分组成——基础元数据部分<AudioformatExtended>和扩展元数据部分<VRext>。其中，基础元数据部分引用 ITU-R BS. 2076-2 标准，扩展元数据部分为本文件的新增定义。基于此架构，本文件的元数据系统既能前向兼容，又能后向扩展，在满足元数据全球互联互通需求的同时，又提供了足够的灵活性和可扩展性，能够为本文件的沉浸式音频系统提供强大的表征能力。该元数据系统架构和详细说明参考标准附图 7。

菁彩声（Audio Vivid）详细编解码以及其他示例参考附录已发布的编码标准规范。

3.7 渲染方案

3.7.1 扬声器渲染

菁彩声（Audio Vivid）渲染器支持制作端音频内容制作、终端渲染回放。既可用于直接解析 ITU-R BS. 2076 ADM 元数据，也可解析第三方的元数据；在音频评估、制作和监听期间，为 ADM 元数据解析提供一个开放的参考渲染器，将有利于音频内容生态系统的整体健康。

应用和处理元数据和相关音频数据，体现以下渲染原则：

1）正确处理响度相关的元数据，保持目标响度

2）保留艺术意图，如正确应用传输的上混、下混矩阵

3）适当地呈现对象的空间属性（位置、空间范围等）

4）正确处理漫反射、发散角方位距离和排除扇区元数据

5）正确处理高优先级的音频对象

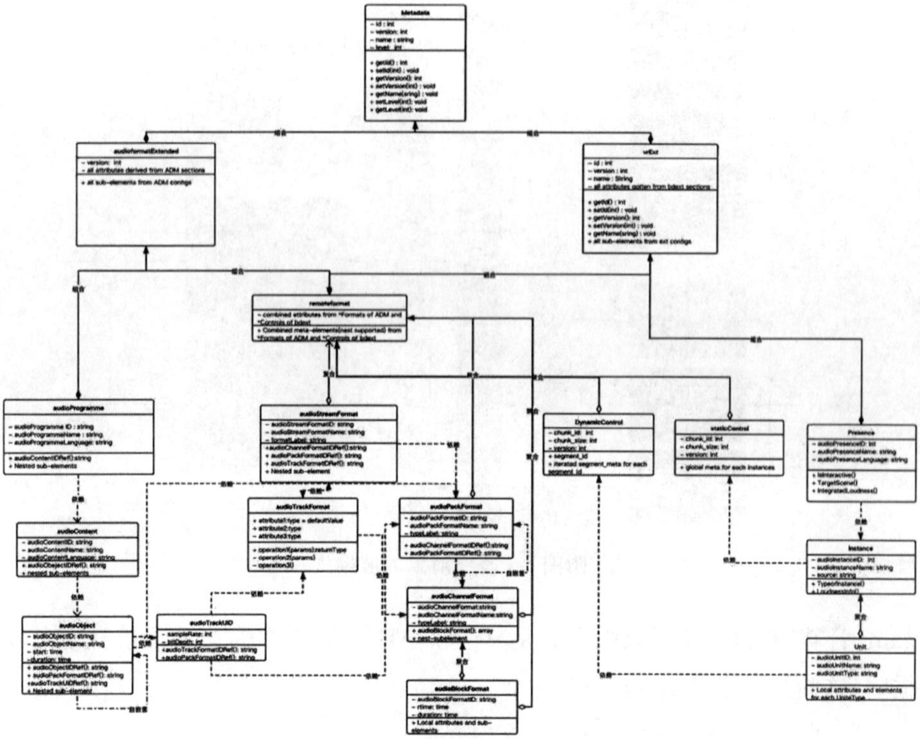

附图7　元数据系统架构图

扬声器渲染器总体架构由上图几个核心组件和处理步骤组成，包括：

1）将 ADM 元数据转换为可渲染的 TypeMetadata

2）根据用于渲染的 TypeMetadata 进行增益计算等

根据 TypeMetadata 的 TypeDefinition，渲染过程分为：基于对象的渲染、基于直接扬声器信号的渲染、基于 HOA 的渲染。

矩阵类型在创建渲染项期间处理，并且作为直接扬声器类型渲染器的一部分；而双耳类型也作为直接扬声器类型中的耳机输出部分。

1. 基于对象的渲染

基于对象的渲染原理如下：

在通过对象输出接口请求对象音频数据和元数据的输出的情况下，绕过漫反射处理提供元数据和音频数据的输入。元数据以 objectsTypemetadata 对象的输入形式进入渲染器；通过对元素元数据预处理模块的处理，经过 objects_

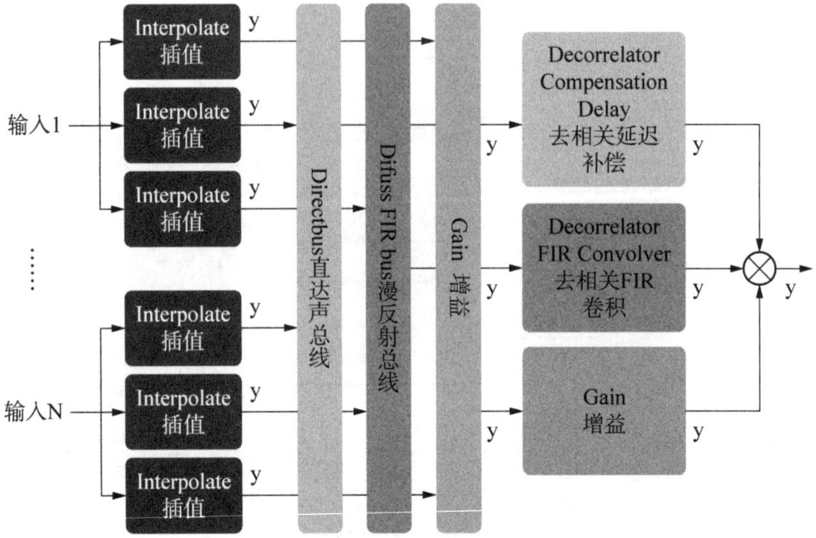

附图 8　基于对象的渲染

gains 计算，获得基于对象内容的元数据和音频数据的输出，当请求接口输出数据时，这些元素将启用以进行播放。

2. 基于声道的渲染

基于声道 DirectSpeakers 的渲染原理如下：

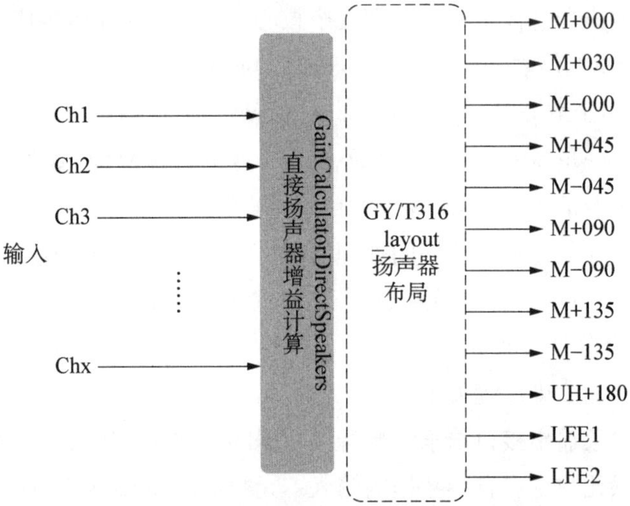

附图 9　基于声道的渲染

使用 Gain_calculator_Direct_Speakers 为 DirectSpeakers 声道计算的增益时,增益将直接应用在音频输入声道,直接生成输出音频频道。DirectSpeakers 元数据不应是动态的,因此增益不应在 audioBlockFormat 内插值,但如果用户更改元数据,则应插值增益。

增益计算时,输入的声道数与输出回放的扬声器布局声道数无关,无论输入声道数与输出声道数是否相等,渲染器按 BS. 2051 的输出声道数进行渲染。当输入的 DirectSpeaks 数量少于输出的时候,会发生上混的增益计算,当输入的 DirectSpeakers 数量多于输出声道的时候,会计算出下混的增益。对于基于矩阵的音频类型,因矩阵音频类型基本信号为中间和侧面周围两个信号声道,故一般对侧面周围信号进行上混。

3. 基于 HOA 的渲染

基于 HOA 的渲染原理结构如下:

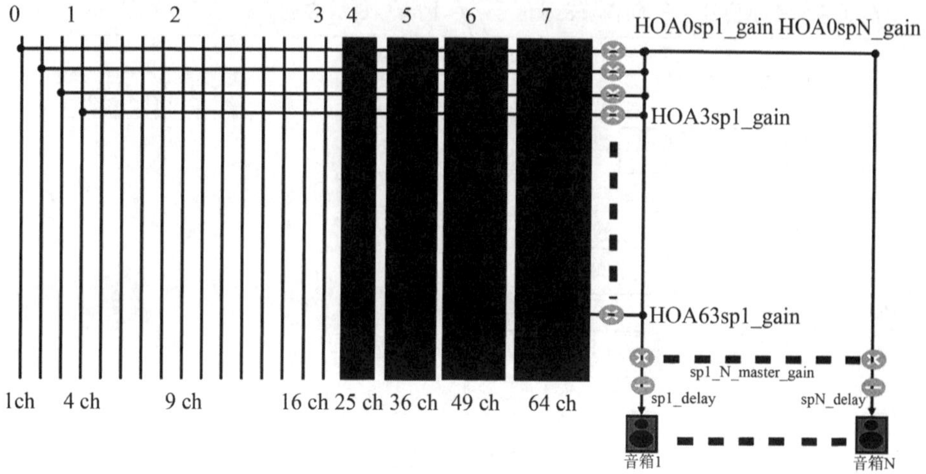

附图 10　基于 HOA 的渲染

本渲染器选定 AllRAD 算法的 HOA 解码方法。通过 HOA 的解码器 D 计算出每一 HOA 轨道给每一个音箱的增益值 HOAnspN_gain;将多轨 HOA 信号输出给独立的音箱。使用 Gain_calculator_HOA 为 HOA 声道计算的解码矩阵 D 直接应用于输入音频信道,以产生输出音频信道。与 DirectSpeakers 一样,HOA 元数据不应是动态的(即每个 audioChannelFormat 中应有一个 audioBlockFormat),因此增益不应在块内插值,但如果用户更改元数据,则应插值增益。在接口上显示之前，调整接收信号的延迟 spN_delay，使其与常规输出信号具有相同的延迟。HOA 接口和 HOA 渲染器不同时运行：如果请求通过 HOA 接口输出，则 HOA 渲染器的输出应静音，而不再现音频，反之亦然。

3.7.2 双耳渲染

本音频渲染系统会使用 3.7 节元数据系统中描述音频内容和渲染技术的控制信息，比如音频载荷的输入形式是单通道，双声道，多声道，还是音频对象或者 HOA，以及动态的声源和听者的位置信息，渲染的声学环境信息如房屋形状，大小，墙体材质等。核心渲染系统依据不同的音频信号表示形式和从元数据系统中解析出来的相应元数据，作相应播放设备和环境的渲染。系统框架见下图：

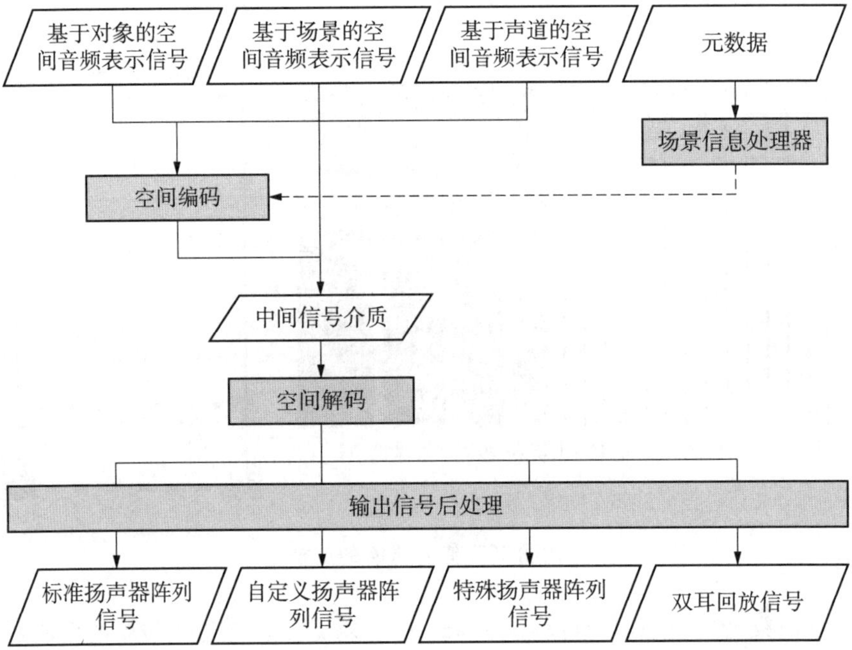

附图 11 渲染器总体框架

处理链路引擎会以块(例如：1024 个采样点)为单位处理音频数据，块的大小应在引擎初始化时决定并不再更改。在实时处理链路上，应先对元数据进行解析并针对元数据调整场景信息。下面分别对多声道音频，对象音频，HOA 音频的渲染加以描述。

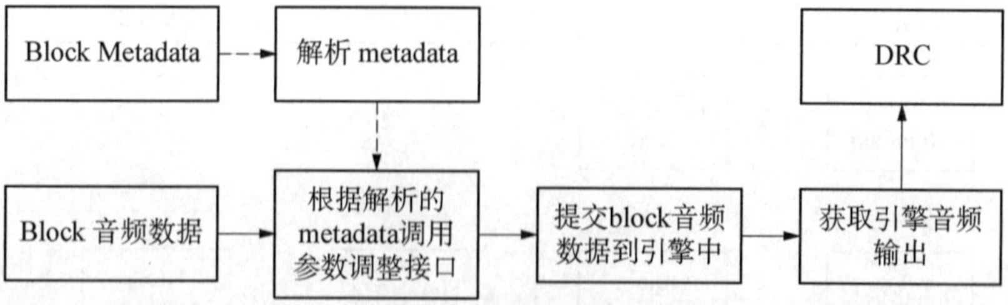

附图 12　处理链路图

1. HOA 信号的渲染

渲染器目前支持至多 7 阶的 HOA 信号渲染。由于 ADM 中 HOA 信号的声道是分离的并标记了对应 order 和 degree。目前引擎支持 ACN 的声道排布方法，输入 FuMa 排列的声道暂不支持，需要在输入前进行 order 和 degree 的转换。对于正规化方法，引擎支持 N3D 和 SN3D 两种正则化方式，FuMa 的正则化需要预先进行转换。

渲染器支持同时渲染多个 HOA 信号，在 block 处理时如果有多个 channel 有同样的 order 和 degree 时，这两个信号会被混合。

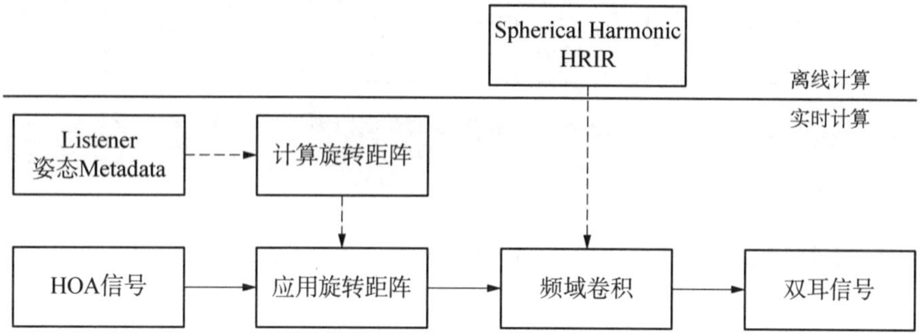

附图 13　HOA 信号渲染图

上图总结了通过双耳回放 HOA 信号的流程。渲染器中自带了一组 1～7 阶的球谐 HRIR。在渲染过程中，首先通过 listener 姿态确定旋转矩阵，并转换 HOA 信号，在针对每个 HOA 的声道，和对应的 HRIR 进行卷积。

2. 对象信号渲染

渲染器会将 Object 信号统一编码为 HOA 信号，然后复用 HOA 信号的渲染流程进行对象音频的双耳化渲染。

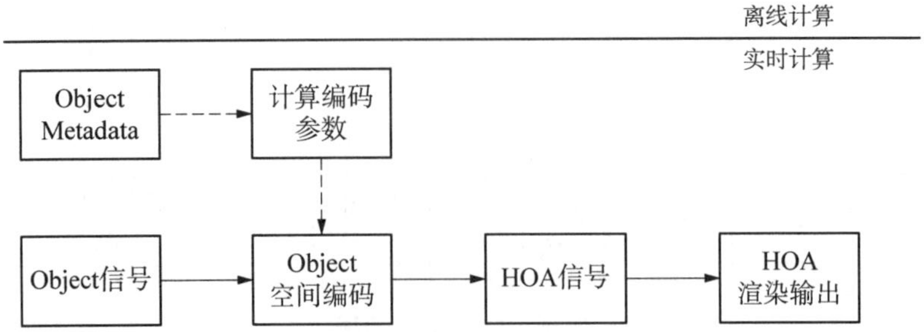

附图 14 对象信号渲染图

3. 多声道信号渲染

多声道音频渲染成双耳音频可以借鉴对象音频的渲染，将多声道音频当作多个对象音频，然后通过 HOA 信号渲染的方法进行双耳回放。

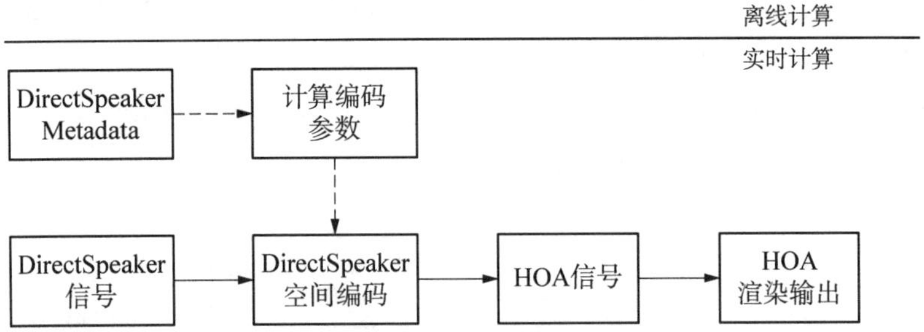

附图 15 多声道信号渲染图

4. 菁彩声(Audio Vivid)用户体验

4.1 扬声器空间布放示例

以扬声器 5.1.4 声道为例(5.1.4 作为家庭影音的基础配置，在传统 5.1 环绕声系统(左右，中置，左右后，低音)的基础上，增加 4 个头顶扬声器(左右上前，左右上后)。如图 16 所示：

通过空间，设备，视音频文件的播放体验，使受众明确感知三维声的立体感，环绕感，空间感。

1. 最佳听音位

2. 左右扬声器

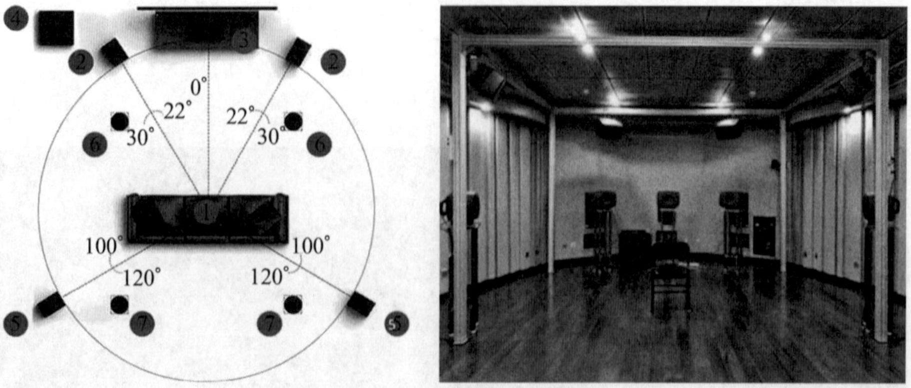

附图 16　通用演示示意图

3. 中置扬声器
4. 低音扬声器
5. 左右后环扬声器
6. 左右前部天空扬声器
7. 左右后部天空扬声器

4.2　双耳空间声演示示例

声音进入耳朵时,在耳廓、头部附近时传播路线发生变化,到达左右耳的时间上也有微小的差别,所以真正听到的声音与原始音源并不一样,如附图 17 所示:

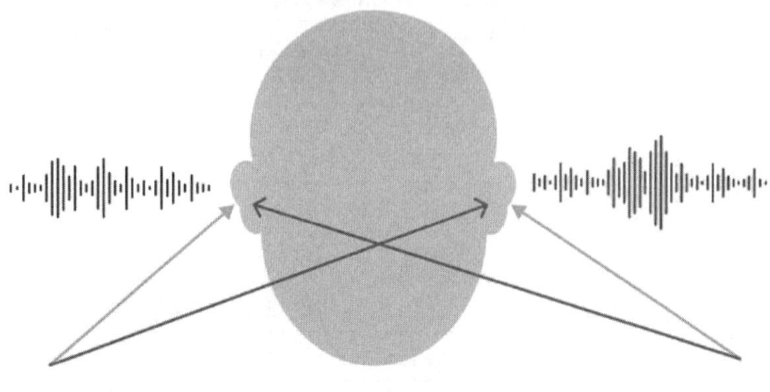

附图 17　双耳渲染演示示意图

通过双耳渲染,可以使佩戴耳机时与不戴耳机获得一样的听觉感受,具有三维声空间感和沉浸感，也具备真实环境的房屋声学效果。

4.3 主观体验与验证

基于扬声器方案的通用体验示意如下图：

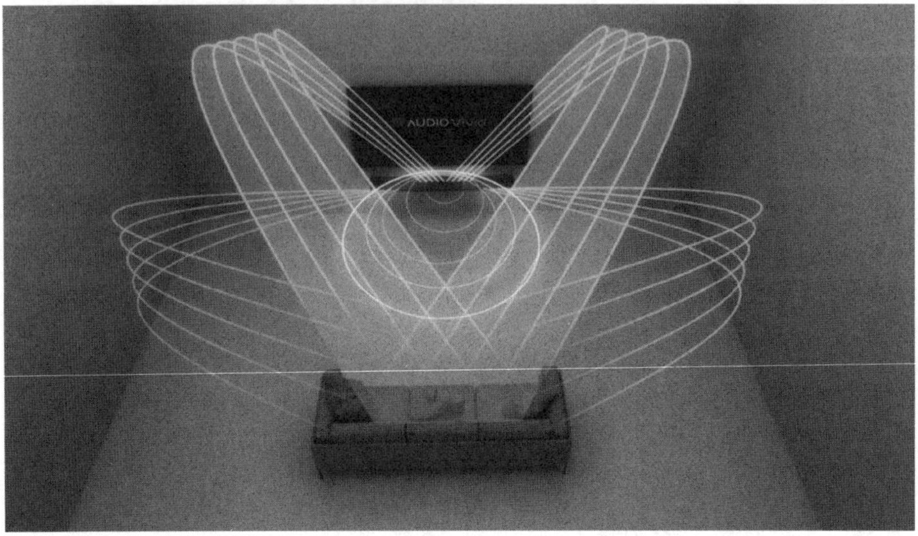

附图 18 通用三维声体验示意图

通过受众体验，可明确感知方位，环绕，高度声音信息。并可通过以下进行主观评价。

表 1 主观评价表参考

功能点	评 价 点
音质	清晰度
	平衡度
	明亮度
	失真度
	亲切度（丰满度，圆润度，柔和度）
	动态感
空间感	混响感知
	空间感知

续 表

功能点	评 价 点
方向感	垂直度
	水平度
距离感	响度
	声压级别
声源体积	宽度,深度
外化感	(耳机)

5. 菁彩声(Audio Vivid)内容制作渲染器与使用示例(基于扬声器)

5.1 环境搭建

内容制作工具分为两种:作为 DAW 的插件渲染器和硬件渲染器设备。作为 DAW 插件渲染器示例图片:

附图 19 DAW 插件渲染器示例

硬件渲染器工作流程图:

5.2 工作流程

从制作端到播放终端工作流程如下图所示:

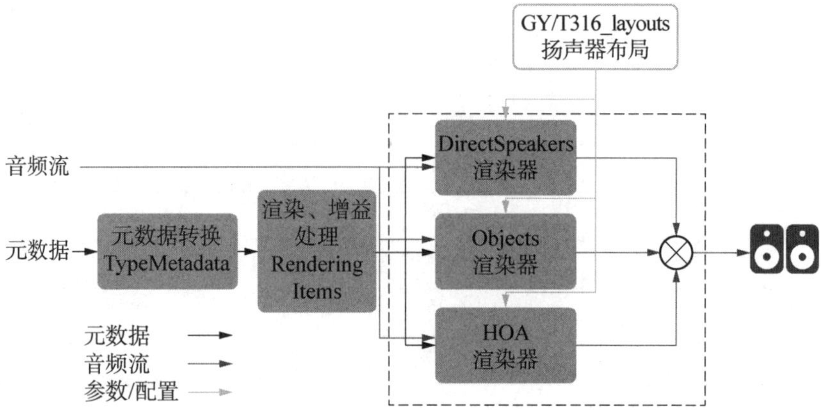

附图 20　硬件渲染器工作流程图

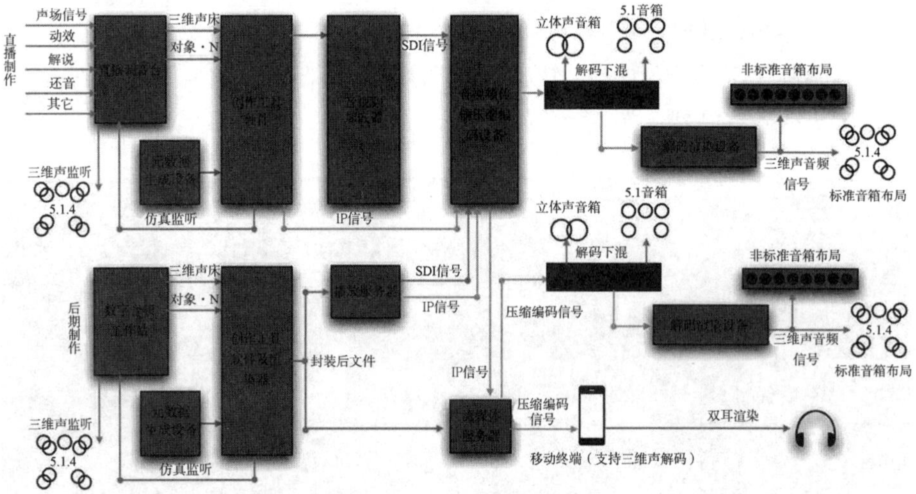

附图 21　工作流程示例

5.3　操作步骤

1) DAW 中创建音频节目混音，执行内容制作时的编辑和信号处理。

2) 将音频声道路由到新的软件渲染器或渲染设备，而不是路由到 DAW 中的输出总线。

3) 在 DAW 的每条音轨，使用内置的 3D Panner(如果可用)在 3D 空间中定位。

4) Panner 信息作为单独的元数据与音频信号一起发送到渲染器。

5) 将 Studio 扬声器(环绕高度扬声器)连接到渲染器的输出。渲染器软件实时处理音频信号及其单独的 pan 信息,将其作为扬声器上的合适的 3D 声场播放。

6) 将混音"存储"到一个特定的 ADM 文件中,仍然将音频信号和它们的 panning 信息分开。

7) 此后可以在渲染器中打开 ADM 文件以进行监听、编辑 ADM 元数据配置或将其导出到各种媒体文件。

8) 加载到渲染器中的 ADM 文件(代表 DAW 混音)可以导出为各种媒体文件格式,用作各种分发渠道的可交付文件。

9) 交付文件必须编码为特殊的比特流格式,以便通过流式服务将 DAW 混音发送给最终用户。

10) 最后,消费者接收 DAW 混音作为编码文件,该文件仍然保持音频和 pan 信息分开,回放设备对可用的扬声器布局或耳机执行实际渲染。

6. "百城千屏"菁彩声(Audio Vivid)应用案例

6.1 "百城千屏"简介

"百城千屏"是工业和信息化部、中央宣传部、交通运输部、文化和旅游部、国家广播电视总局、中央广播电视总台等六部门联合部署开展的超高清视频落地推广活动。目前,在全国 35 个城市已有 100 多块超高清大屏落地,公众可通过公共大屏观看中央广播电视总台 8K 超高清电视频道。同时为了配合开展"百城千屏"超高清视频落地推广活动,在原有超高清视频观看的基础上,在不造成声音干扰的前提下,通过移动终端提供超高清视频的伴音服务——"百城千屏随身听"。2022 年 8 月,总台使用菁彩声(Audio Vivid)技术,实现在"百城千屏随身听"移动端平台,可收听视音频精确同步的三维声信号。9 月 10 日,总台通过"百城千屏"播出平台,首次使用菁彩声(Audio Vivid)音频编解码同步播出中央广播电视总台中秋晚会,在喜庆的氛围里,给公众带来一场视听盛宴。

6.2 "百城千屏随身听"平台

"百城千屏随身听"平台主要解决面向移动端的电视伴音的编码、传输,实现了电视频道音视频内容分别传输,协同呈现,极大地提升了户外大屏用户的收视体验。随身听系统提供的音频服务已经与 2022 年 8 月 18 日由立体声升级为菁彩声(Audio Vivid)三维声，实现三维声直播的商用落地。系统结构如下图：

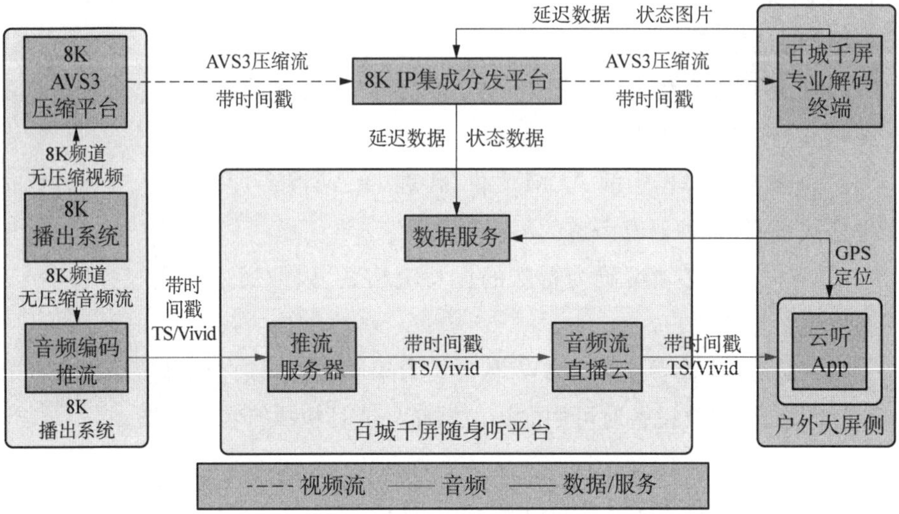

附图 22 “百城千屏随身听”系统架构

“百城千屏随身听”平台已经实现了菁彩声(Audio Vivid)音频在编码、封装、传输、分发全链路的落地，并通过随身听客户端实现解码和双耳渲染的播放。其中重点解决问题如下：

1. 研制了基于 X86 架构服务器的广播级菁彩声(Audio Vivid)编码器，实现支持多种协议封装和信源格式能力，实现在电视台 8K 播出系统中输出菁彩声(Audio Vivid)三维声音频流。

2. 研制了基于 TS 封装适用于互联网及移动互联网的菁彩声(Audio Vivid)分发传输服务器，完成了菁彩声(Audio Vivid)音频流的封装、推流及流媒体服务等项功能，实现了通过互联网为用户提供菁彩声(Audio Vivid)音频服务。

3. 由于“百城千屏”项目中音视频需要通过不同的链路传输，在不同的终端播出，所以项目在落地过程中有针对性地设计了音视频同步方式，采用异构网络视音频同步传输技术，在 AVS3 视频流中嵌入了播出绝对时间的时间戳，在解码终端解码时结合本地时间计算链路延迟并上报数据，同时通过移动终端的定位信息，平台为终端提供对应的解码终端的延迟时间。解码终端可以通过该延迟及菁彩声(Audio Vivid)音频流中的时间戳实现音视频同步功能，达到了国家标准规定的－90 ms～120 ms 的终端用户视音频同步要求。

6.3 “百城千屏随身听”终端

“百城千屏随身听”终端集成在“云听”客户端中。“云听”是中央广播电视总台推出的以 5G 技术作为支撑的移动音频客户端，以资讯、知识、文化为内容战略方向，集纳总台精品内容，自制音频 IP 节目，创作优质有声书，致力于为手机、车机、平板电脑、智能穿戴等多终端用户提供全场景的声音。在“百城千屏”项目中，云听客户端首先通过扫码或用户选择关联到具体的大屏，然后通过总台的媒体网关接口获取针对该大屏的音频流 URL 和对应的视频解码播放延时 tvideo，然后再通过获取的 URL 读取经过菁彩声(Audio Vivid)编码和 TS 封装的音频流数据，最后经过接封装、解码、渲染等步骤完成大屏菁彩声(Audio Vivid)音频信号的播放工作。具体的播放流程如下：

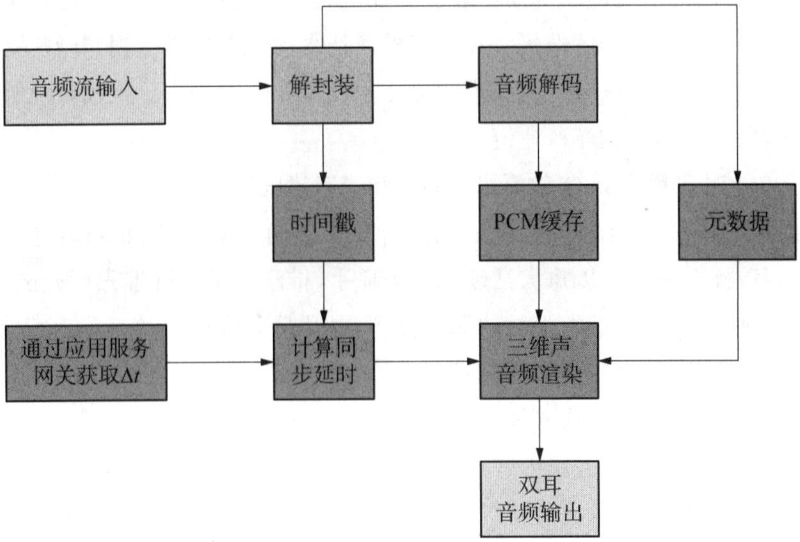

附图 23 “百城千屏随身听”云听客户端播放流程图

1. 音频流输入，音频播放器根据 URL 使用的网络协议获取到经过菁彩声(Audio Vivid)编码和 TS 封装的数字音频流；(目前使用的传输协议是 HTTP)

2. 音频解封装，播放器从 TS 音频流中解封装出：菁彩声(Audio Vivid)音频编码数据、编码时间戳信息和音频元数据(如果包含有)；

3. 音频解码，将解封装的菁彩声（Audio Vivid）音频编码数据解码成多声道 PCM 数据，然后存入渲染播放缓存队列；

4. 音画同步，播放器周期性从总台媒体应用网关获取所关联大屏的视频解码播放延时 tvideo，同时播放器根据解封装获取的编码时间戳与本地时间戳计算差值，获得音频解码延时 taudio，并根据 tvideo 与 taudio 之间的差值计算出音频需要调整的同步延时时间来调整渲染播放缓存队列。

5. 三维声渲染，播放器从渲染播放缓存队列中获取待播放的多声道 PCM 数据，然后根据包含了声床信息的元数据信息进行双耳音频渲染，并将渲染后的双声道 PCM 数据输出到声卡设备。

7. 菁彩声(Audio Vivid)发展建议

7.1 构建开放产业生态

吸引国内外尽可能多优质产业资源加入菁彩声（Audio Vivid）产业生态构建中，并促进国际标准的迭代。加快三维声技术标准在广播电视、新媒体、影视娱乐等方面的应用推广，扩大技术规范在垂直行业的影响力。推动产业链上下游深入合作，打通端到端产业链。

7.2 以应用示范推动菁彩声(Audio Vivid)普及

以重大赛事、活动推动标准应用与普及。推动在文娱、工业制造等领域的应用，打造标杆案例。以重大活动赛事为抓手，推动三维声标准先行先试，以具体落地案例促进产业链上下游的深度合作，提升观众认知。

7.3 鼓励企业加快应用与研发

面向未来 2—3 年，通过加快部署家庭影院，车载影音体验，个人影音体验，虚拟现实体验等业务，鼓励内容制作行业，分发平台加快菁彩声（Audio Vivid）的标准内容制作和分发，加速在产业链构筑，推进行业演进，构筑未来超高清音视频产业的技术和人才基础。

8. 附录

8.1 缩略语

下列术语和定义适用于本文件：

比特率(bitrate)
编码(coding)
编码器(coder)
编码音频位流(coded Audio bitstream)
采样频率(sampling frequency(fs))
解码(decoding)
解码器(decoder)
声道(channel)
数据单元(data element)
神经网络(neural network)
AV 音视频(Audio and Video)
dBFs 分贝满刻度(deciBel Full Scale)
C 前中声道(Front Center)
FFT 快速傅立叶变换(Fast Fourier Transform)
L 左声道(Left)
LFE 低频增强声道(low frequency enhancement channel)
Lrs 左后环绕(Left Rear Surround)
Lss 左侧环绕(Left Side Surround)
Ltb 左上后(Left Top Back)
Ltf 左上前(Left Top Front)
MPEG 运动图像专家组(Moving Picture Experts Group)
PMT 节目映射表(Program Map Table)
R 右声道(Right)
Rrs 右后环绕(Right Rear Surround)
Rss 右侧环绕(Right Side Surround)
Rtb 右上后(Right Top Back)
Rtf 右上前(Right Top Front)

8.2 引用

[1] T/UWA 009.1-2022《三维声音技术规范　第1部分:编码分发与呈现》世界超高清视频产业联盟标准,2022.

[2] T/UWA 009.3-1-20《三维声音技术规范　第3-1部分:技术要求

和测试方法家影音播放设》世界超高清视频产业联盟标准，2022.

8.3 认证与授权

认证测试是产业生态发展的重要手段，菁彩声（Audio Vivid）具有权威、规范、科学、开放的测试认证体系，严格规范显示设备和便携式显示设备的呈现效果，对通过认证的企业提供最高质量的超高清技术支持，牵引终端产业向更高标准的显示技术迈进。

1. 为什么需要认证？

UWA 联盟代表先进的音视频技术和生态标准，通过 UWA 认证的产品是高水平的音视频技术产品认证速度快，认证流程简单

2. 通过认证后能获得什么？

UHW 认证证书和认证标志（菁彩声（Audio Vivid））的使用权

列入 UWA 世界超高清视频产业联盟的公示认证名录

优先参与联盟组织的获证企业联合营销活动

长期有效的菁彩声（Audio Vivid）高质量技术支持

参与联盟组织的人员、工程师的专业技术培训

3. 测试认证方法

对于支持菁彩声（Audio Vivid）的显示设备或系统，认证基本流程见下图，其中蓝色模块表示《认证实施规则》中提到的基本认证流程。具体认证方法登录世界超高清产业联盟官网，注册后即可下载文件《菁彩声（Audio Vivid）认证实施规则》。

8.4 测试与评估

1. 测试方式示例

三维声通用测试方案如下：通过标准测试流（编码以后的数据流）提供原始音源，进入被测影音设备，然后通过设备的自发声单元或者陪测发声设备进行测试，同时音频进入音频分析仪同步进行分析。本测试用例不包含双耳耳机，详细测试与评估参考菁彩声（Audio Vivid）标准测试文档。[2]

测试方法按以下几步进行：

a) 按图连接被测设备；

b) 被测设备根据标准测试流的输入

c) P1b 接口通过被测设备发声，同时通过 P3 接口介入音频分析仪分析。验证被测设备是否符合功能要求。

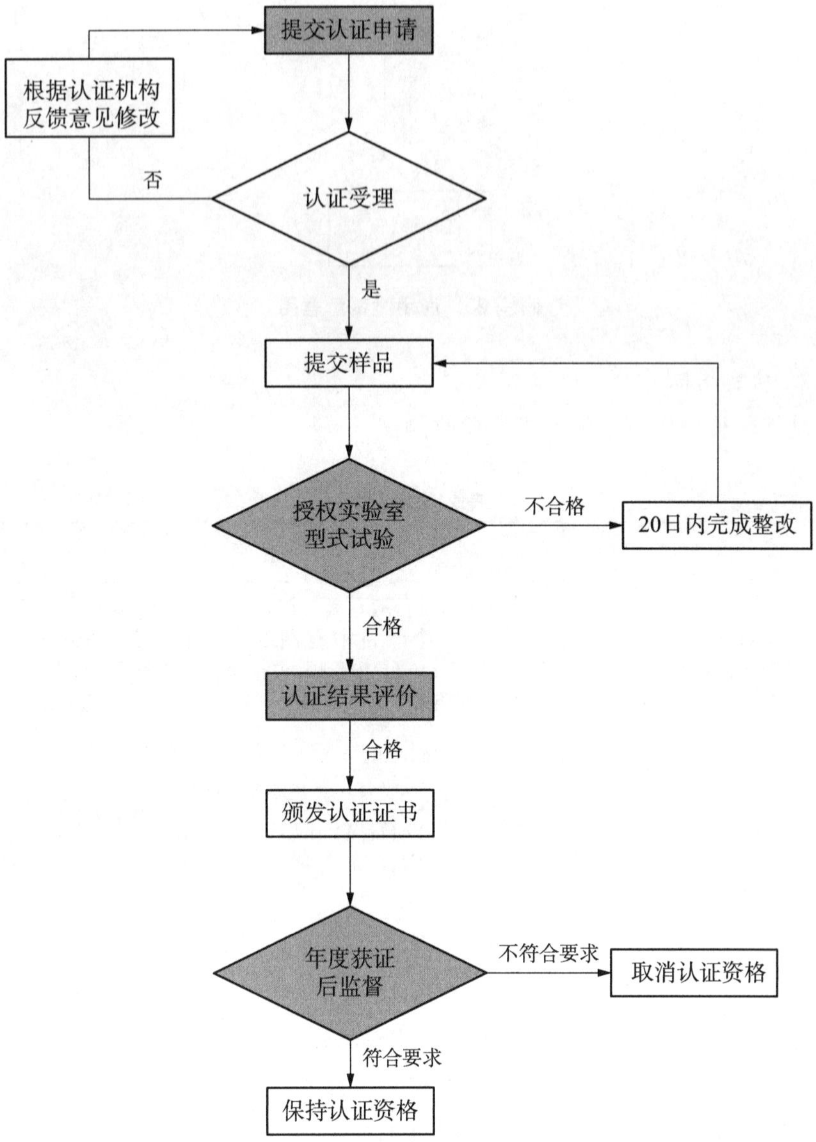
提交认证申请
根据认证机构反馈意见修改
否
认证受理
是
提交样品
授权实验室型式试验
不合格
20日内完成整改
合格
认证结果评价
合格
颁发认证证书
年度获证后监督
不符合要求
取消认证资格
符合要求
保持认证资格

附图 24　认证流程

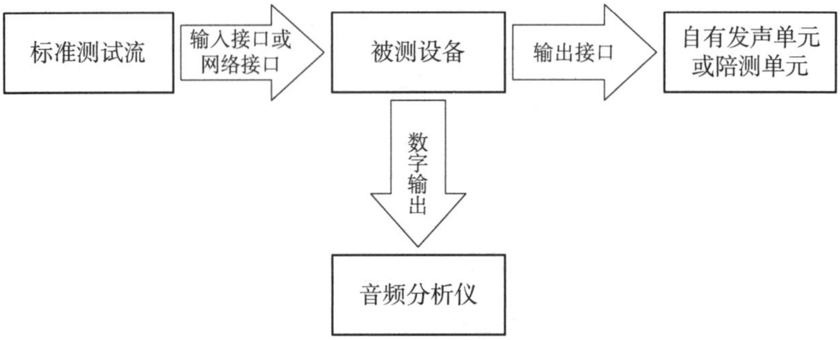

附图 25　通用测试示意图

2. 功能指标

功能将按照以下功能表进行验收测试。

表 2　功能要求

序号	项目		功 能 要 求
1	菁彩声(Audio Vivid)音频识别		具备 UI 的设备应具备标识、解码 Audio Vivid 音频流的功能,能从一个节目中复用的多个音频流(Audio Vivid、MPEG-1 Layer Ⅱ音频)中正确标识并解码 Audio Vivid,同时不能将非 Audio Vivid 音频流标识为 Audio Vivid
2	声床解码	声道映射	应能正确映射 Audio Vivid 音频的所有声道,包括立体声、5.1.4 多声道,所有正常声道信号均能正确复现
3	声床解码	输入采样频率	应能解码 32 kHz、44.1 kHz、48 kHz 采样频率的 Audio Vivid 音频,宜能解码 96 kHz 采样频率的 Audio Vivid 音频
4		码率	应能解码 64 kbps～832 kbps 码率的 Audio Vivid 音频
5		采样精度	支持 16 比特,无损音频解码宜支持 24 比特采样精度
6	无损音频解码		宜支持无损音频解码
7	HOA 解码		宜能正确还原三阶 HOA 信号,所有方位还原准确
8	对象音频解码		应能支持对象音频还原,所有方位还原准确
9	输出采样频率		具备数字音频输出的设备,应支持 48 kHz 采样频率输出,宜支持 96 kHz
10	音效渲染		应能将 Audio Vivid 音频向下混合至设备自身最大音频播放能力集

3. 技术指标

表3　电信号要求

序号	项目	单位	性能要求
1	音频信噪比	dB	⩾60
2	声道对增益差	dB	⩽1
3	声道对的串扰	dB	⩽−60
4	过载	—	无削波

表4　声信号要求

序号	项目	单位	性能要求
1	声频率响应特性	dB	200 Hz～8 000 Hz 范围内的不均匀度(波峰波谷)应小于 6 dB
2	额定输入时最大声压级	dBSPL	⩾74 dB
3	额定输入时声压总谐波失真	%	⩽5(200 Hz～8 000 Hz)

表5　时间差

序号	接收终端类型	时间差范围 ms
1	音视频播放显示设备	−125～45
2	音视频播放设备	−30～20
3	音频接收播放设备	—
注:音视频信号时间差为−40 ms　表示电视接收终端解码后音频信号落后视频信号 40 ms; 音视频信号时间差为 20 ms　表示电视接收终端解码后音频信号超前视频信号 20 ms		

表6　元数据处理性能

序号	项目	功 能 要 求
1	增益控制	应能正确解析响度元数据并正确控制响度,偏差不超过±2 dB
2	对白增益控制	应能正确解析对白响度元数据并正确控制对白响度,偏差不超过±2 dB

参考文献

[1] BERANEK L, 1996. Concert &Opera Halls: How They Sound[J]. Physics Today, 99 (5):2637 - 2637.

[2] BERG J, RUMSEY F, 1999. Spatial attribute identification and scaling by repertory grid technique and other methods [C]//Proceedings of the AES 106th International Conference , April 10 - 12, Rovaniemi: AES .

[3] BERG J , RUMSEY F, 2000a . In Search of the Spatial Dimensions of Reproduced Sound: Verbal Protocol Analysis and Cluster Analysis of Scaled Verbal Descriptors[J]. Journal of The Audio Engineering Society.

[4] BERG J, RUMSEY F, 2000b. Correlation Between Emotive, Descriptive and Naturalness Attributes in Subjective Data Relating to Spatial Sound Reproduction [C]// Proceedings of the AES 109th International Conference , September 22 - 25, Los Angeles: AES.

[5] BLAUERT J, 1997. Spatial Hearing: The Psychophysics of Human Sound Localisation [M]. Cambridge: MIT Press.

[6] BLUMLEIN A, 1931. British Patent Specification: Improvements in and Relating to Sound Transmission, Sound Recording and Sound Reproducing Systems (394325) [P].

[7] BRAASCH J , PETERS N , VALENTE D L, 2008. A Loudspeaker-Based Projection Technique for Spatial Music Applications Using Virtual Microphone Control [J]. Computer Music Journal, 32(3):55 - 71.

[8] BRADLEY J, SOULOUDRE G, 1995. Objective Measures of Listener Envelopment [J]. Journal of the Acoustical Society of America, 98(5):2590 - 2597.

[9] BRANT H, 1967. Contemporary Composers on Contemporary Music [M]. Cambridge: De Capo Presss.

[10] BREGMAN A, 1990. Auditory Scene Analysis: the Perceptual Organisation of Sound [M]. Cambridge: MIT Press.

[11] CHOWNING J, 1970. The Simulation of Moving Sound Sources [J]. Journal of The Audio Engineering Society, 19:2 - 6.

[12] CLARK H A M , DUTTON G F , VANDERLYN P B, 1957 . The "Stereosonic" Recording and Reproducing System. A Two-channel System for Domestic Tape Records [J]. Ire Transactions on Audio, 104(17):96 - 111.

[13] GRIESINGER D, 1997. Spatial Impression and Envelopment in Small Rooms[C/OL].

New York: Audio Engineering Society Convention 103. [2024 - 12 - 02]. http://www.aes.org/e-lib/browse.cfm?elib=7141

[14] GRIESINGER D, 1999. Objective measures of spaciousness and envelopment[J]. Audio Engineering Society Conference: 16th International Conference: Spatial Sound Reproduction. Audio Engineering Society.

[15] HAFTER E, CARRIER S, 1972. Binaural interaction in low-frequency stimuli: the inability to trade time and intensity completely. [J]. Journal of the Acoustical Society of America, 51(6B): 1852 - 1862.

[16] HARRIS G, 1959. Binaural Interaction of Impulsive Stimuli and Pure Tones[J]. The Journal of the Acoustical Society of America, 31(11): 1584 - 1584.

[17] HEBRANK J, WRIGHT D, 1974. Spectral cues used in the localization of sound sources on the median plane[J]. Journal of the Acoustical Society of America, 56(6): 1829 - 34.

[18] HERTZ B, 1981. 100 Years with Stereo!: The Beginning[J]. Journal of Infectious Diseases, 177(3): 651 - 61.

[19] MARTIN G, WOSZCZYK W, COREY J, QUESNEL R, 1999. Sound Source Localization in a Five-Channel Surround Sound Reproduction System[C/OL]. New York: Audio Engineering Society Convention 107. [2024 - 12 - 02]. https://aes2.org/publications/elibrary-page/?id=8186

[20] RUMSEY F, 2011. Spatial Audio: Eighty Years after Blumlein[J]. Journal of The Audio Engineering Society 59: 57 - 62.

[21] MILLER R J, WHITE W H, DAVEY R B, et al. 2000. Verbal and Non-verbal Elicitation Techniques in the Subjective Assessment of Spatial Sound Reproduction[J]. Journal of Medical Entomology, 48(2): 358 - 65.

[22] MASON R, RUMSEY F, 2000. An Assessment of the Spatial Performance of Virtual Home Theatre Algorithms by Subjective and Objective Methods[C/OL]. Paris: Audio Engineering Society Convention 108. [2024 - 12 - 02]. https://openresearch.surrey.ac.uk/esploro/outputs/conferencePresentation/An-assessment-of-spatial-performance-of/99514463802346.

[23] MOORE B, 1989. An Introduction to the Psychology of Hearing[M]. Cambridge: Academic Press.

[24] NUNALLY J, BERNSTEIN I, 1994. Psychometric Theory[M]. 3rd ed. New York and London: McGraw-Hill.

[25] PLENGE G, 1974. On the Differences Between Localization and Lateralization[J]. The Journal of the Acoustical Society of America, 56(3): 944 - 951.

[26] RATLIFFE P, 1974. Properties of Hearing Related to Quadraphonic Reproduction[R]. BBC Research Department Report, RD 1974/38, London.

[27] RUMSEY F, 2012. Spatial audio[M]. Oxfordshire: Routledge.

[28] SIMONSEN G, 1984. Master's thesis[D]. Denmark: Technical University of Lyngby.

[29] STEINBERG J C, SNOW W B, 1953. Physical Factors in Auditory Perspective[J].

Journal of the Society of Motion Picture & Television Engineers, 61(3):420 - 430.

[30] TAN C J , GAN W S, 2000. Direct concha excitation for the introduction of individualized hearing cues[J]. Journal of the Audio Engineering Society, 48(7):642 - 653.

[31] WHITWORTH R H, 1961 . Time vs Intensity in the Localization of Tones[J]. Journal of the Acoustical Society of America, 33(7):925 - 929.

[32] YOST W A , WIGHTMAN F L , GREEN D M, 1972 . Lateralization of Filtered Clicks[J]. The Journal of the Acoustical Society of America, 50(6):1526 - 1531.